傳承‧傳成

十五個志業與資產傳承的經典案例
Fifteen classic cases of wealth and legacy inheritance

李博誠／不動產估價師/地政士　　杜金鐘／RFC國際財務顧問師
杜育任／會計師　　　　　　　　謝志明／FChFP特許財務規劃師

合著

傳承 · 傳成是提前解決問題！ ／ 29

PART1 志業傳承篇 ／ 39

PART 2 資產傳承篇 / 97

結語 / 301

序

2020 年國內某大金控與知名會計師事務，對於企業客戶所做出一項聯合調查。根據調查顯示，「2020 年高資產客戶資產傳承調查」有近八成的受訪者表示，在一年內沒有準備家族資產傳承的規劃。由於家族資產傳承所牽涉的層面，包含了稅務面、法律面、財務面、風險管理以及公司治理層面。因此整個傳承的規劃中需要會計師、律師、不動產估價師、地政士、財務顧問師、保險顧問等諸多專業人員協助。

而在進行此服務前，必須要奠基於顧客願意委託給一組「家族志業資產傳承」團隊，以協助顧客取得完整且真正客觀與全面性的方案。

由於傳承規劃，必須要從瞭解企業或家族的傳承方向、傳承對象、資產盤點、設計傳承規劃方案、與顧客反覆研討修改、選定執行方案到定期檢視執行計畫等工作。以上所有的工作，委託給單一團隊，對於顧客的好處，就是不需要將資產的秘密向許多人透露，更不會出現頭疼醫頭、腳疼醫腳的現象。

專業團隊系統的給予顧客傳承建議，就像是面對有傳承或是財務狀況的客戶。團隊集合各專業領域的專家，如同醫師聯合會診的模式，給予顧客最真切與合宜的建議。而更重要的，如此才能真正的協助顧客在合法的狀況下，達成顧客的終極目標。將一生的志業能夠永續、累積的財富能夠傳承。不僅庇蔭後代子孫，永續的企業才能達成其社會責任與社會價值。

然而，這樣的觀念在國內尚有推廣的空間。原因何在？許多具有傳承資產的企業或家族，不乏有許多的專業人士提供所需的服務，但能夠提供「全面性、系統性」的完整診斷，則少之。否則，我們又怎會在社會新聞中，不斷地看見許多大企業家族子女爭奪經營權，或爭產的事件呢？難道他們的身旁沒有律師或會計師或地政士以及保險顧問嗎？

肯定是有的。但，顧客未必對這些專家揭露他們全部的資產或是計畫，以致在規劃傳承時，無法「完整的執行」每一個目的，甚至顧此失彼。

筆者群協助顧客規劃財富傳承近廿年，這樣的情景；不時在許多顧客家族中發生。而每當爭產的遺憾發生時，筆者除了心中無限唏噓之外，更深深的期望，能夠將這「全面性、系統性」的傳承規劃觀念予以推廣。

因此，這樣的理念獲得了本書其他三位作者們一致認同，而誕生了撰寫本書的念頭。

本書的作者群，有曾服務於四大會計師事務所，並主持「家族資產傳承」規劃的主持會計師；杜育任會計師。並且曾接受國內知名企業的委託，協助處理海內、外資產與企業主志業傳承等專業服務。而目前更協助國內上市企業「永續經營」之輔導與規劃，深受企業顧客好評與倚賴。

　　此外；有豐富的不動產資產傳承與遺產規劃的李博誠不動產估價師。李估價師還具有地政士與 CFP/RFC 國際財務顧問師的資格。除具有不動產的專業外，擅長於不動產遺產規劃、信託、遺囑等豐富經驗，本身亦具有國際認證財務顧問師之資格，目前在高雄空中大學擔任不動產相關實務的授課教師。

　　在財務規劃與保險的領域，具備企業風險管理師及國際財務規劃師、保險經紀人資格的杜金鐘財務顧問師。擅長企業風險管理與財務管理，以及非常豐富的保險從業經驗，曾經協助許多高資產顧客規劃財富傳承。

　　在投資與金融商品領域，作者群中的謝志明特許財務規劃師，具有國貿專業，且有十餘年銀行專業理財顧問的資歷、以及十餘年專業保險財務顧問的資歷。擅長於協助顧客選擇金融投資商品與風險管理的領域。

　　本書作者群們，將各自在服務客戶的過程中，曾經提供專業協助的過程，在徵得顧客同意下，並且適度改寫故事中的主角特徵與敘述。在達到保護顧客個人資訊之前提，又不

失去提供讀者教育意義之前提下。我們彙整了彼此的服務經驗，將這些故事集結並予以出版。

　　我們誠摯的希望，本書的出版。能夠成為提供企業主或有家族資產傳承的讀者們，能夠重視「事前」縝密規劃與「全面性、系統性」規劃的重要性。同時；不要再有提早安排資產傳承是項禁忌的迷思。並要以健康的態度提早規劃，進而達到筆者們所希望，「志業永續」、「家族傳承」之目的。

作者自序

李博誠 不動產估價師／地政士

人們窮極一生努力追求的「財富」，若沒有聰明的智慧力與行動力，它不過只是「財產」、「資產」或「遺產」而已。

有人說：資產傳承的目的是為了節稅。這點我保留，因為節稅絕對不是首要重點，在和諧下遵照遺願傳承才可貴。在我辦理數百件繼承案件之中，子女爭產的佔相當多數，有從此不相往來的、有怒目相對的、有法院訴訟的，這些情形我們看很多。而能讓承辦人我由心中感動甚至念念不忘的是某些個案中，子女無人爭產，各繼承之子女間彼此始終保持和諧、公平、尊重！我相信，除了有很好的家庭教育之外，被繼承人一定是做對了什麼，或者說他、她一定是很有智慧的採取了什麼行動。

稅務、節稅、傳承的工作交給我們專業財務顧問師就好，而您的任務是如何有智慧的做好「傳承規劃行動」。

筆者從事保險、理財、不動產、節稅、繼承、有多年實務經驗，深知僅靠單一節稅工具不足以幫助客戶做好「志業傳承」及「資產傳承」任務，任何單一合法節稅的方法與工

具都有其優點或不足之處，因此筆者除了實務工作之外，亦不斷地學習。二十多年來陸續取得保險經紀人、ＣＦＰ國際理財規劃顧問師、ＲＦＣ國際認證財務顧問師、不動產經紀人、地政士／代書、不動產估價師等相關證照，亦在高雄市立空中大學擔任不動產相關課程講師，學做教、做教學、教學做。

我們的特色是我們是一個團隊，我們結合了「會計師」、「保險」、「財務顧問師」、「不動產估價師」、「地政士／代書」等，還有相關律師、銀行等協力團隊，期許為您做好全方位的「志業傳承」及「資產傳承」任務。

此次能夠成書，特別感謝杜育任會計師、杜金鐘財務顧問師、謝志明財務規劃師等，大家通力合作將多年實務寶貴經驗行之於紙筆共同出書，期許能盡些微薄力量善盡社會責任，並透過本書實務經驗與讀者共享。

傳承的任務請放心交給我們，您的工作是採取行動，歡迎您即刻與我們聯繫！

作者自序

杜育任　會計師

自從會計研究所畢業後，從事會計師工作已經約有 13 年，前面的八年接觸審計與稅務法律服務，之後的五年則是在企業永續發展部門中服務。我因此看過了家族企業最不足外人道的一面，也接觸了許多有偉大志向的企業家。

在 70 年代經濟起飛到 2020 年的現在，第一代白手起家的企業家也已經要紛紛到花甲之年，開始含飴弄孫。但龐大的企業與家族財富，如何傳承，是許多會計師、律師與顧問關注與服務的重心。但目前許多的家族財富傳承規劃，可能往往內容在於『用最低稅負的方式將其將財富傳承到下一代』並補助以制衡的治理架構來平衡下一代之間的權力紛爭。

我認為所謂的傳承不是只是將財富移轉與經營權控制這麼的單純。真正應傳承的是『志業』，所謂志業是創業家志氣與家業。是創業家精神與氣度、面臨困境的不屈精神、對於社會的回饋與照顧及家族事業的總和，也是我所認為應該傳承的範圍與標的。唯有傳承『志業』，家族才有興盛繁榮的根本。

因此我所規劃與架構的家族傳承有很大的本質上的不同，我是從創業的第一代的角度出發思考，而不是從第二代，規劃的範圍也將不會僅僅只有一代之間，而是希望能將希望將志業傳承至家族後人。架構之中往往會融合了許多企業永續發展、企業社會責任與公益的元素及工具。我希望能協助第一代的創業家在財富自由之後能將資源導入社會最需要的地方，也讓子女也能實踐人生的目標與成就，而不是一直活在第一代的財富與期許之中。

作者自序

杜金鐘　國際財務顧問師

　　筆者在服務顧客，財務傳承與風險管理多年的經驗中，經常遇到幾種情境使人無比感慨。

　　第一種情境；就是年輕人想要接班，但不敢與長輩多談，深怕讓長輩覺得，子女貪圖家產。

　　第二種情境；子女知道長輩有龐大事業與資產，但長輩卻不願意安排接班與傳承，以致於子女恐懼承擔未來龐大的稅金。

　　第三種情境；就是子女們為了爭奪長輩的資產形同陌路。然而其中能夠妥善安排資產傳承的家族是少之又少。

　　筆者發現，造成上述原因不外乎，長輩除了對於生死的禁忌外，另一個原因就是不知從何做起，或不知如何維持其公平性。於是乎；許多長輩或是家族，就因此錯過了最佳的黃金規劃與傳承時間，直到某日長輩過世，子女在倉皇之中，才開始四處詢問該如何繼承，以及籌措完稅的稅金。

　　然而，更多家族所面臨到的問題是，由於資訊的缺乏、或未於事前做好完整的傳承規劃，導致繼承時，除了面對龐

大的稅金及補稅的裁罰外。還遭遇到父執輩或先祖所傳下的資產，以極不合理的代價被國稅局實物抵繳、甚至被拍賣資產來抵稅。

筆者看到，許多長輩們，用盡一生心力、盤手胝足所建立的事業王國，卻於他過世的那一刻，企業陷入經營權爭奪、分崩離析的結局。猶有甚者，兄弟姊妹為了遺產爭奪形同水火，如同仇人般再也不相往來。身為長輩在九泉之下又情何以堪呢？

或許；原因是由於華人的民族性。不論是高資產的族群，乃至一般的小康家庭。對於「傳承」的議題，鮮少以正面的價值來看待，或事先妥善規劃。多而又多的，都是逃避或是不足與錯誤的規劃。

有鑑於此，筆者們興起了想要推廣「志業傳承」與「資產傳承」的想法。盼望能夠將正確的觀念與做法，透過本書向社會大眾介紹。並且告訴大家；「傳承」並不困難！「傳承」也不是有錢人的權利。「傳承」是任何一個負責任的家庭，都必須要去意識的問題，就如同大家對保險的需要。

因為；「傳承」就是讓「子女和樂」、「企業永續」、「志業傳承」的遠見。

本次能夠成書，衷心感謝李博誠不動產估價師、杜育任會計師、謝志明財務規劃師諸君，百忙之中，將多年來協助顧客解決各種傳承難題的寶貴經驗，透過文字的方式向各位

讀者分享。也盼望透過本書，將合法「傳承」的議題，能夠幫助更多的企業與家庭，在妥善的規劃與安排下，得以善盡企業社會責任、家庭社會責任與個人的價值。

作者自序

謝志明　特許財務規劃師

　　自大學畢業後，前 10 年在銀行工作，歷任了存款、放款、財富管理部門，之後轉戰保險業，一路晉升到區經理，在金融保險業，已經有 25 年的資歷。

　　許多客戶會問我，是否有認識相關的專業人士，因為他們公司有稅務申報的問題、不動產到底要生前贈與？還是身故後繼承？較省稅賦、如何將資產傳承給下一代，但不會讓子孫揮霍？二代要如何接班？……

　　這些問題牽涉層面相當廣泛，必須要有一個集合不同領域的專業人士團隊，才能提供正確的規劃，所以我一直在找尋可以合作的專業人士。

　　在這我很感謝 BNI 高雄市中心區的執行董事 Kevin，103 年將 BNI 商務平台帶來高雄，目前高雄市共有 11 個分會，每個分會，一個行業，只有一個代表，異業結盟。透由 BNI，我很幸運的找到李博誠不動產估價師、杜育任會計師，以及我所屬錠鍏鼓山杜金鐘處經理，大家集合彼此專業，一起幫

客戶解決問題。

　　「資產」及「志業」的傳承，需要先釐清家族間彼此的想法，之後必須盤點所有的資產（不動產、現金、保險、股權、股票……），然後再評估要使用什麼工具，最後提出短、中、長期的執行計劃。

　　本書中的案例，可能是許多家庭或企業曾經面臨的問題，希望能藉由本書，提供大家做為最佳的解決方案的參考。

推薦序

鄭清中

高雄市不動產估價師公會 理事長

國立高雄科技大學 商業智慧學院 財政與稅務系博士班

國立高雄應用科技大學 財經與商務決策研究所碩士

　　博誠兄是我們高雄市不動產估價師公會理事，也是高雄市空中大學不動產講師。博誠兄邀請我為他的新著作「傳承‧傳成」一書寫推薦序，身為理事長的我欣然接受，清中非常樂意且覺得與有榮焉。

　　不動產是門相當深奧的學問，涉及法規及稅制相當繁多且複雜，且不動產的價值又非常高，甚至可能是人們集一生努力所奮鬥累積而來的財富，因此不動產的法律糾紛也特別多。當人們面臨資產移轉如買賣、贈與，繼承或財富傳承時面臨之稅制，如所得稅、營所稅、贈與稅、遺產稅、增值稅、房地合一稅、契稅等問題時，就必需要專業的財務顧問師來加以整合協助，並給予稅務、不動產、保險等相關法律及稅務上的專業意見與建議。然而財務顧問雖可以給予建議，卻解決不了涉及財產分配時的親情糾結，如子女爭產產生之憤怒、遺憾、所造成的恩怨等等情感問題，我想這也是社會一

般人們所面臨的同樣困擾。如果讀者能透過本書的論述，而及早規劃「志業及資產傳承」，或許可以減少親情割裂、爭產及法律訴訟糾紛，那麼我想就達到本書出版的意義了。

欣聞博誠兄與另三位分別為會計師、財務規劃師、保險顧問等作者，共同著作「傳承‧傳成」一書。此書以真實案例故事導引相關志業、資產傳承重點並加註法源依據，這是此書的一個特色。由於市場上大部分的家庭財富傳承公司或著作，很多皆僅以保險工具及保險功能為論述主軸，此較無法完整性涵蓋全方位資產規劃需求，因為一般有資產規劃者，可能也都有公司稅務規劃或不動產規劃的需求，而此書結合了公司稅務、不動產、保險綜合性規劃考量，或許較能夠涵蓋全方位資產規劃需求，我想這是此書的另一個特色。

博誠兄是空中大學不動產講師，同時具備有不動產估價師、地政士 / 代書、不動產經紀人資格，本身又是ＣＦＰ國際理財規劃顧問師、ＲＦＣ國際認證財務顧問師。足見博誠兄理論與實務兼備，他積極參與公益活動，因此我相信他一定會是您在追求財富及減少稅負上專業的好朋友。

社團法人高雄市不動產估價師公會以不動產估價學術與實務之闡揚，制度之改進，並協助國家社會之財經建設，共謀不動產估價師事業之發展為宗旨。高雄市不動產估價師公會自民國 92 年成立以來已有 17 年之歷史，我們相當要求公會每一位會員的估價報告書品質。經委託高雄市不動產估價

師公會推薦之不動產估價師出具之每一份的估價報告書，都
會經由本會專案鑑定業務委員會嚴格審查，清中在此感謝社
會大眾對於本會的信任與支持。也歡迎有志於從事「不動產
估價」的專業人士，一起加入我們估價的行業，一起壯大公
會，並為國家、社會盡些一己的責任。

　　再次感謝博誠兄的邀請，並祝福四位作者會計師、不動
產估價師、財務規劃師、保險顧問的合著「傳承・傳成」乙
書順利出版，暢銷大賣。

推薦序

吳嘉沅

BNI 國立台灣大學管理學院財務金融研究 EMBA

美國賓夕凡尼亞大學都市計畫碩士

現任悠遊卡投資控股股份有限公司董事長

臺灣社會影響力研究院理事長

永豐銀行獨立董事

六祖大師法寶壇經云：『吾本來茲土，傳法救迷情。一花開五葉，結果自然成』。禪宗自從達摩祖師傳到中國後，一直到六祖惠能之前，都是衣缽相傳禪宗的領袖然而到了六祖惠能大師臨入涅槃時。弟子法海：和尚入滅之後，衣法當付何人？六祖大師卻說：今為汝等說法，不付其衣。停止了衣缽的接班傳承，而以法為傳承。衣缽相傳，只傳一個人，傳衣缽，是紛爭之端，。如果不傳衣缽而是傳法則可以讓一百個人甚至更多的人都可以得法。

佛法智慧，在企業的傳承也何不如是，企業主應該要思考『傳承』是否只是將財富給下一代這麼的簡單？財富會不會成為禪宗的衣缽，造成宗族子弟的紛紛擾擾？那財富到底是幸還是不幸？在台灣諸多的豪門爭產恩怨已紛紛印證。

我與杜會計師相識多年有餘，杜會計師是亞洲第一位通過國際社會價值協會認證的認證執業師。我與杜會計師共同在台灣致力於社會影響力的倡議與落實。希望政府政策、企業運營、組織作為至個人行為態度，能依循著對於經濟、環境與社會帶來的最終影響而作決策與管理。

　　很開心杜會計師將社會影響力的理念與作法帶入企業的傳承之中，讓台灣的企業主除了『財富』傳承之餘，更能將自身成功的一生志業傳承。

　　傳承‧傳成一書，用敘事的方式，跳脫艱澀晦暗的法令言句，讓台灣企業主可以透過他人的人生經歷，如暮鼓晨鐘，發人省思。也道盡了企業傳承的最重要的核心，不是諸多令人眼光撩亂的金融工具，而是領導人的氣度與思維。本書言簡意賅，值得一讀。

推薦序

龐寶璽

國立中央大學人力資源管理研究所博士

德明財經科技大學 風險管理與財富規劃系 理財與稅務管理研究所

　　與金鐘君結緣，起於 2018 年與本人合著「保險大夫」一書。該書推出時，在國內造成極大的轟動。由於，國人的保險意識興起，並且大量的運用保險，作為風險管理與財富管理的工具。然而；許多保險購買者，自購買保險後，卻極少做後續的檢視與管理；即所謂的「保單健診」。以致，許多消費者與保險公司產生了不必要的理賠糾紛。故當時，「保險大夫」一書推出後，如同平地一聲雷，深刻的喚醒了國人，對於保險契約管理與定期檢視的意識。

　　一如前言，保險既可運用在國人的風險管理外，又可協助國人作為財富管理、資產傳承以及稅務管理的工具之一。故，讀者們如何善用保險，作為個人理財、風險管理、稅務管理等，實應有更多的認識與應用。此外，對於從事保險、理專等從業人員，若能揚棄個人銷售主義，而是以站在消費者的立場來思考與規劃，並能藉由本書之案例與解決方案，進而協助消費者，相信更能促進保險的價值與意義，實為行

業與社會大眾之福。

　　因此，欣聞金鐘君與另三位分別擔任會計師、不動產估價師、財務規劃師等作者合著此書。並深入淺出地以真實案例，與後續之解決方案，協助讀者了解到資產傳承與財富管理的重要性。

　　同時，本書更將稅務、繼承、信託、公益法人、資產公司化等傳承實例與保險相結合。不僅讓讀者更加了解保險的重要性外，也使讀者認識，保險與資產傳承、財富管理，乃至繼承是可以相互結合的。且交互運用後，更可以幫助社會大眾在進行傳承時，減少不必要的稅負支出、避免家族糾紛、避免資產耗損，又可有效率的執行傳承者的意志與心願。

　　許多理財顧問企盼成為顧客信任的「全方位理財顧問」。所謂全方位應該包含：(1)理財項目的寬度（服務多樣性）；(2)理財時間的長度（傳承持續性）；(3)理財觀念的深度（知識專業性）。「傳承‧傳成」一書的出版，集結了十五個資產傳承的經典案例，包含了一個真實的「財務規劃報告書」。以系統化的方式，協助資產持有者有效達成「傳承‧傳成」，並提供許多正確的觀念與除錯的方案。願本書讀者可以人手一本，將之運用外，更可收藏作為傳家之寶。

推薦序

楊啟富

BNI（Business Network International）

高雄市中心區、屏東區、廈門思明東區執行董事

在 2007 年春天的某一天，透過客戶的邀約我加入了 BNI 這個商務引薦平台，並且在這裡壯大我的事業，2014 年我決定鮭魚返鄉回到高雄發展 BNI，協助南台灣的企業主們改變傳統做生意的方式，不用太多的社交應酬，只要在 BNI 平台，發揮專業，建立信任關係，就會有生意引薦，進而讓自己的生活與家庭幸福美滿。

志明兄是高雄區 BNI 富恩分會的創會主席，曾任銀行理財專員，也擁有 FChFP 特許財務規劃師的國際證照，志明一直在尋找專業的團隊合作，經過 5 年的努力，透過 BNI 的核心價值與培訓系統，終於找到了執業會計師、不動產估價師，以及主管，成立了管顧公司；並集合了彼此的實際案例，用 15 個故事，闡述如何傳承志業、資產，進而達到「傳承、傳成」！

很欣喜看到志明能善用 BNI 平台，找到志同道合的創業夥伴，創造自己的藍海市場，期盼除了想學習 BNI 系統的會

友可以參考本書外，金融保險業、房地產、會計的從業人士，也可以從故事中，學習稅務、不動產、保險的專業知識；當然想瞭解如何幫自己正確規劃傳承的讀者，更應該奉為圭臬，深思熟讀。

傳承 · 傳成
是提前解決問題！

傳承 ‧ 傳成！

　　「父母擔心分家後被棄養！」「子女擔心繳不起遺產稅！」，這是兩代之間的鴻溝與避談的忌諱。一方不想談，一方不敢講。

　　然而，由於未事先做好「傳承」的規劃，往往一場意外的發生，上一代的辛勞所得可能化為烏有，而下一代更因為繳不起龐大的稅金，以致一半的財富要歸國稅局，甚至被凍結或被拍賣。

　　實務上，的確有許多資產持有者或是企業家，仍保有農業時代的想法。認為子女談「傳承」就是「分家」或是「詛咒」父母早死。於是，雙方都只能靜待無常來臨的那一天到來。但是，若資產持有者能夠有遠見的話，事前妥善的安排，相信可以避免很多的紛爭與金錢上的損失。

　　傳承應該是一件必須要提早規劃的事！

　　同時，資產持有者必須要先有明確的目標。

　　有些企業家，未必想要將資產留給下一代。而他可能是

希望透過公益的方式，可以「名流千古」。當然也有資產持有者，希望能夠「代代相傳」並且發揚光大。因此，傳承的管理目標就顯得非常重要。

不論是「傳子、不傳賢」或「傳賢、不傳子」。都是必須要由專業的法律、財務、稅務、不動產等專家，共同擘劃並且在合法與合乎情理的狀態下，完成「傳承」的目的。

由於資產持有者，所擁有資產的具多元性，以及資產所位在的地區或國家有所不同。因此，所涉及的國內、外稅法與稅賦均不相同。甚至，會出現在法律上競合的現象。因此，資產持有者，更需要事先做好規劃，以便個人傳承的「意志」，可以獲得貫徹，同時避免造成子女或利害關係人「爭產」等狀況，而危及到企業的營運，與子孫的未來。

志業與資產傳承的目標與管理

目標與管理步驟

訂立傳承目標 → 資產盤點 → 確定繼承對象 → 選擇傳承工具 → 檢視傳承的稅賦效果與風險評估

資產持有者第一步：必須要確立傳承的「目標」。

也就是要清楚知道「傳給誰」。如此，才能清楚的掌握，未來的傳承工具選擇，以及適法性等，並且預測傳承的效果。

資產持有者的第二步，必須要盤點「所有的財產權利」。

倘若無法確認全部的總資產與權利，以及資產所位於的地區或國家，就無法計算出可能需繳納的稅賦，以及適用的法律。無法算出可能的稅賦，就無法事先計算出該如何預留「稅源」，或是「轉移」的方法與工具。

資產持有者的第三步：要清楚的確認「繼承對象」。

資產持有者，若傳承的目標為「自然人」。不外乎就是配偶或是子女等。然而，這就牽涉到民法繼承的問題。也就是說，民法會保障每一個有繼承權利的人，獲得他應得到的繼承資格。因此，資產持有者不能憑個人的喜好，單方面的將資產傳承給某一個特定的對象。即使在今天，仍然有許多人仍有「傳子、不傳女」的觀念。這些都違反了民法繼承的規範。因此，「傳承」就變得複雜且牽涉到人性的一門藝術了。若是事先做好繼承者的選擇，就可以透過合法的方式，協助資產持有者達到他移轉的目的與效果。

資產持有者的第四步：選擇傳承工具。

傳承的工具，將會依照資產持有者的「目標」而有所不同。若是希望將資產做公益之用，就可以選擇公益信託。若要將資產分配給家族，可以用公司化股權移轉的方式。因此，傳承工具的選擇，將在整個移轉的過程中，扮演非常重要的角色。此時，可能需要法律／稅務／不動產／保險等專家進場協助規劃。

資產持有者的第五步：檢視傳承稅賦效果與風險評估。

傳承的最後一步，就是檢視經由專家完整的規劃後，最終所達到的效果，是否符合資產持有者的目標。倘若經過最後確認，規劃的方案並無法達到資產持有者的目標。就表示這個方案是錯誤的且必須要放棄。因此，檢視傳承效果，是整個資產傳承最關鍵的步驟，同時要每年度做出檢視，針對有不合適的地方，即時做出修正。

志業與資產傳承的另一項重點：「系統規劃」。

不論讀者對於傳承的選擇，是「傳賢、不傳子」的志業永續目標。

亦或是「傳子、不傳賢」的家族企業永續目標。讀者都必須要認知，資產規劃是一件複雜而浩瀚，且費時的工程，因此它需要足夠的時間，才能規劃出一套縝密的方案。另外您必須意識到另一個要點：就是「系統性規劃」傳承。

何謂「系統性規劃」傳承，就是將「傳承」的規劃案，委託給一個由會計師、不動產估價師、律師、財務顧問師、保險專家所組成的團隊。共同針對「個案」全部的資產與負債作一系列的盤點與檢討。最後，再依據顧客的意願，在最適法的狀況下，提供符合客戶利益的解決方案。也就是所謂的「稅務／資產移轉／信託／保險財務報告書」。

然而，這樣的觀念卻是國內資產持有者所欠缺的。實務上，我們會看見資產持有者，有土地或不動產的問題，就去問土地代書。有節稅的問題，會去問記帳士或會計師。有理財的問題會去問理財專員。有保險的問題，會去問保險業務員。

但是，卻沒有資產持有者，將專家們一起找來，針對資產持有者的各樣資產，一起在稅務與轉移及法律層面討論。於是，錯誤的規劃就在這樣的狀況下鑄成。因為，資產持有

者往往不願意將所有的資產明細，向各別的專家完全的揭露。同時，個別的專家也忽略了在規劃時，要將顧客的其他資產／稅務／保險等全部計入。而導致，一個環節的錯誤，使得顧客遭到鉅額的罰金，這樣法院判決案例實在不勝枚舉。

因此，我們著作本書的目的。就是將「系統性規劃」的重要性向讀者們介紹。而我們更以「財務醫師」自詡。我們的角色並不是向顧客推銷商品，而是在診斷顧客的財務與債務、稅務、風險管理的系統性的問題。如同，我們去醫院看診，當患者病情複雜時，主治醫師一定還會邀請其他專科醫師來共同會診。因此，我們認為財務／稅務／風險管理的「系統規劃」的功能正是如此。

所以，我們期待給顧客一個清楚的財務管理與稅務管理、風險管理的目標。同時，幫助顧客知道如何判別自己的問題，而不再是用似是而非的想法去處理財務與稅務，因為「錯誤的規劃，比不規劃還可怕」。

財務或稅務可能的決策目標

以下是我們在實務上，顧客常提出的需求：

· 讓所創建的事業能夠永續發展。

· 維持公司存活。

· 避免個人或公司財務危機或破產。

· 使稅務降到最低。

· 有效的將資產能夠繼承至下一代。

以上的問題，會隨資產持有者所持有不同的財產種類，產生不同轉移困境。而目前台灣的資產持有者，又多以不動產為大宗，更增添了資產移轉的挑戰性。同時，也突顯了提前做好準備的重要性。

最終，本書的問市，希望能夠喚醒更多資產持有者與繼承人，能夠重視自身的權益，並且以正確的「傳承步驟」，加上「系統性的規劃」以致於能夠達到傳承的意義與價值。

「寧可生前費心，也不願子孫死後爭產」。

資產持有者通常持有的財產種類

現金

· 資金移轉容易。

· 但子女可能會揮霍，失去傳承的意義。

股權

· 經營權與所有權可能出現衝突。

· 或股權外移導致經營權轉移。

不動產

· 流動性不高，變賣價格不易掌握。

· 不動產無法分割只能共有。

藝術品或珠寶

· 移轉容易且易於變賣。

· 但存放於銀行保管箱時，繼承人不能自由取回。

PART1 志業傳承篇

- · 醫療院所公司化
- · 公益法人
- · 公益信託
- · 閉鎖型公司
- · 董監事責任保險

故事
Story
一

創造企業永續社會價值

◎摘要

華董循著記憶，翻開多年前的書【日本經營之神松下幸之助】，映入眼簾的是「人之將死，其一生所掙來的財富、地位與名譽，也漸漸失去價值。
我們是否應該在臨死前，充實精神生活，創造無悔的人生？」華董豁然懂了，如今的他完全符合經營之神所述的前半句，而人生的下半場，他要為實現後半句而努力。

在洛杉磯有名的聖瑪利諾（SanMarino）亨廷頓圖書館旁的豪宅區中。

一棟低調，又不失貴氣的傳統美式別墅，傳來台灣50-60年代葛蘭演唱的『台灣小調』。桌上沏的一壺是1952年的紅印鐵餅，一旁散落著銀行、會計師與財務管理顧問提供的理財傳承的建議。

華董是個台灣傳奇人物，他在那個動盪的30年代出生並且為孤兒，由台灣第一間家庭式育幼院—光音育幼院撫養長大。憑著不服輸的志氣，在艱苦的環境下，白手起家，隨著台灣經濟起飛，也從不同的產業累積了大量財富。也隨著台灣80-90年代的移民潮定居了美國。因為出身貧窮，創業過程的顛簸，也給予一對子女最好的榜樣，『知足常樂』的家庭價值觀深植家庭成員心中。兒子在矽谷任職高階主管工作、年輕有為，一年現金與股票收入堪比華董。女兒則自行創業成為美國西岸連鎖牙醫的負責人，孫子女也活繃亂跳、健健康康，華董的一生精彩而富足。但在獨處時，他卻常常回想起，在育幼院的時代，遠在美國的認養人給予他的祝福與鼓勵，是他每每可以奮起的動力，讓他突破一關又一關的難關。在小時候，還沒看過美國認養人時，他甚至都以著名布袋戲的英雄人物『中國強』來想像自己的認養人。

看著一大疊的財務管理建議與分析，而在他眼中卻僅感受到是數字的改變，並沒有對他生活造成任何的改變，讓他

實在沒有任何的動力去看一眼。華董闔上桌前的財務報告，閉起眼陷入思緒中…我能當別人的中國強嗎？他想到了比爾.蓋茲、想到了創辦 DFS 全球免稅體系的查克‧費尼。從小時候的回憶甦醒，華董睜開眼，他的眼神又回到年輕時的理想與抱負。

華董一掃先前的疲態，逕直走向書櫃，循著記憶翻開多年前的書《日本經營之神松下幸之助》，映入眼簾的是「人之將死，其一生所掙來的財富、地位與名譽，也漸漸失去價值。我們是否應該在臨死前，充實精神生活，創造無悔的人生？」華董豁然懂了，如今的他完全符合經營之神所述的前半句，而人生的下半場，他要為實現後半句而努力。

在馬斯洛需求理論提到人們是從最基本生理需求開始，逐步滿足到最後的自我實現需求。當前一個層次需求得到滿足時，下一層次需求才會成為激勵的因素，並且繼續為滿足下一層次的需求而努力。但現實上，人對於每個層次的需求並非如同金字塔般階段性去滿足，自我實現的需求也會依據個體差異而有所不同。

華董看似已經達到金字塔最頂端的自我實現需求，然而實際上，當人對於某一需求達到一定程度滿足時，所帶來的快樂將會逐步遞減，從事業巔峰帶來的成就感也僅僅只是剎那間喜悅。但是，對於社會有所貢獻的目標，能給予華董在自我實現中更高層次的滿足，從自我的實現擴及社會公共的

共好是金錢無法輕易衡量的。換言之，華董現階段想做的便是透過自己的能力對社會創造影響力，而最好的方法就是透過公益手段達到他的目標。

目前，在臺灣做公益主要可分為公益社團法人、財團法人基金會及公益信託，前兩者常稱為公益法人，在設立前應經主管機關安可，並且依照章程規範設立登記；公益信託則是依據信託法第 70 條規定，經目的事業主關機關安可，將信託資產委託給受託人成立公益信託。相較於公益法人，公益信託成立的門檻較小、存續時間彈性，未來如果公益信託關係消滅時，如信託行為訂定有信託財產歸屬權利人時，應歸屬於其所定之人；如未訂有信託財產歸屬權利人時，將依信託法第 79 條之規定，目的事業主管機關得為類似之目的，使信託關係存續，或使信託財產移轉於有類似目的之公益法人或公益信託。而公益法人則因其法人性質以永續經營為原則，在進行事業活動時除須固守其基本財產外，上需有充足經費維持日常營運費用，設立上常伴隨相當大的財產規模，法規規範也因此通常有最低財產的限制。

以下分別就公益法人、公益信託成立規範系則分別說明。

一、社團法人與財團法人區別

社團法人是以社員為成立基礎，由社員組織，訂定章程而成立，依其設立之目的又可分為營利社團法人及公益社團法人；財團法人則是捐助財產為主體，由捐助人捐助財產成立財團法人，其目的及組織，由捐助行為而確定。常聽見的「基金會」就是以財團法人形式設立，但要特別注意財團法人皆以公益之目的設立，即以社會上不特定多數人的利益為目的之法人。

社團法人及財團法人因其設立性質不同，適用的法規及相關規範也有所不同，如下表：

	財團法人	社團法人
成立基礎	捐助財產：無社員。	人：有社員。
目的區別	僅以公益為目的。	可為營利、公益或中間社團（非營利亦非公益，如：同鄉會）
適用法規	民法、財團法人法。	民法、特別法。（公司法、人民團體法等）
組織差異	成立後，捐助人即與捐助財產脫離關係，無所謂意思機關。財團之組織及其管理方法，由捐助人以捐助章程或遺囑定之。（民法第62條）	社團有設於總會，並以總會為最高意思機關。（民法第50條）由其社員組織意思機關，訂立章程，其目的與組織可以隨時變更。

此外，因應亞太防制洗錢組織將於 107 年年底對台灣做第三輪的評鑑，財團法人之資訊公開及財務管理機制為防制洗錢之重要一環，政府於 107 年 6 月 27 日三讀通過《財團法人法》，並於 108 年 2 月 1 日實施。對於公益法人影響最大在於《財團法人法》第 21 條要求財團法人公開捐贈名單；第 24 條規定，一定規模以上財團法人要建立內控制度、內稽制度及誠信經營規範。其財務報表也應經會計師查核簽證。

	公益信託	財團法人	公益社團法人
設立方式	契約信託、遺囑信託、宣言信託（法人限定）	章程與社員（民法第 46 條）	依據捐助章程和遺囑（民法第 60 條）
適用法規	信託法、公益信託法及監督辦法	民法	民法
成立門檻	無	限制基金必須不得少於新台幣 3000 萬元	無
動用本金	可以	不可	不可
孳息支出	公益信託之盈餘無強制支出達一定百分比以上之限制		

從上表可發現並沒有一個最好的方式，而是應依據企業公益模式與目標，選擇一個最適合的方式與組織。

三、社會企業

策略大師麥可‧波特也提出具競爭優勢的策略性企業公
益模式[1]，呼籲企業應以企業手段、商業創新模式解決社會問
題

1. 社會和經濟目標並不是天生矛盾的，而是緊密聯繫在
   一起的。
2. 慈善事業通常是公司改善競爭環境的最經濟有效的方
   法。
3. 透過四大競爭力內涵達到『策略性公益活動』：

★ FactorConditions 雙贏作法

★ DemandConditions 創造當地需求

★ ContextforStrategyandRivalry 與公司核心營運結合

★ RelatedandSupportingIndustries 供應鏈與當地社區的支援

而以企業方式解決社會問題之經營模式，也已經得到很
多成功的案例。

註 1
MichaelE.Porterand,MarkR.Kramer,TheCompetitiveAdvantageofCorporatePhilanthrop
y,Harvardbusinessreview,2002.

例如，BillGate，在 2012 年的公開信就宣稱，基金會是利用商業方式專注於解決衛生與疾病問題。孟加拉 Yunus 博士，透過格萊珉銀行與社會企業幫助超過 1 億 6 千萬人脫貧，獲得 2006 年諾貝爾和平獎。

　　近年來，台灣也開始有許多的企業以『社會企業』作為企業經營的態樣與選擇方式。因應各界呼籲，立法院於 2013 年 12 月舉行《公益公司法草案》公聽會，而行政院勞委會則於 2014 年 1 月 28 日提出《社會企業發展條例草案》，雖然最後都未經成功立法；但仍是影響了公司法第一條第二項的修正：『公司經營業務，應遵守法令及商業倫理規範，得採行增進公共利益之行為，以善盡其社會責任。』讓台灣的公司得以跳脫僅以營利為目的的框架，即便適時的採取公益行為，也將不會因此有損股東權益。

　　以下為企業以之為公益事業發展架構下的社會企業、財團法人基金會與公益信託間的比較：

	社會企業	財團法人	公益信託
權利主體	有獨立的法人格	有獨立的法人格	僅是契約關係
收入來源	營業收入	捐贈收入與孳息	捐贈收入與孳息
資金使用限制	無資金使用限制	僅能動用孳息、單一對象金額限制、設立有最低資金門檻	需符合信託契約本旨
執行單位	董事會	董事會	信託業法之受託人
營運彈性	與營利事業同	與設立目的相關	信託契約與受託人
主管機關	經濟部	法務部與目的事業主管機關	地方政府或中央目的事業主管機關
投資人稅捐減免待遇	視情況而定	捐贈者得以稅上抵減 20%	捐贈者得以稅上抵減 20%
經營主體稅捐待遇	申請租稅優惠	符合資格免稅	符合資格免稅

但特別的是，以企業方式經營社會志業，在台灣現行的法令下，則卻可能卻面臨到更不利的稅務環境。國外對於社會企業的往往有所謂的盈餘保留之需求，但因為台灣證券交易所得稅的停徵與兩稅合一的情況下，社會企業若保留盈餘在帳上，則往往就必須面對盈餘加徵 5% 的稅負負擔。造成以商業模式解決社會問題，卻必須要負擔更高額的稅負。而要避免稅負的負擔，則就必須要利用其他特殊租稅規定才能加以免除。

　　我們假設華董捐贈了 1 百萬，給以下的組織，試算了其中的租稅變化：

各級政府	● 稅盾 200,000
	● 總稅負 - 200,000

● 法令	● 說明
協助國防建設、慰勞軍隊、對各級政府、合於運動產業發展條例、災害防救法、中小企業發展基金之捐贈及經財政部專案核准之捐贈	捐贈無限額
● 納稅說明	● 受捐贈者之應納稅額
無	NA

財團法人基金會

- 稅盾 200,000
- 總稅負 - 200,000

- **法令**

教育、文化、公益、慈善機關或團體之捐贈

- **說明**

不得超過所得額 10%

- **納稅說明**

無

- **受捐贈者之應納稅額**

0

公益信託

- 稅盾 200,000
- 總稅負 - 200,000

- **法令**

所得稅法第四條之三各款規定之公益信託之財產之捐贈

- **說明**

不得超過所得額 10%

- **納稅說明**

無

- **受捐贈者之應納稅額**

0

社會企業

- 稅盾 0
- 總稅負 24,000

- **法令**

對於一般企業的投資不得列舉捐贈

- **說明**

投資無法列為捐贈

- **納稅說明**

・所得額標準 10%計算，加計 5% RE 稅
・文化創意產業發展法第 27 條規定申請研發投抵

- **受捐贈者之應納稅額**

20,000 ＋ 4,0000

結論

　　對於富有回饋社會之心的企業家,可以透過成立基金會、公益社團法人或公益信託,當子女不願意繼續在家族企業任職,或是有更好的發展之時。企業第一代將部分財富投身公益,往往可以成為兼顧家族財富傳承與家族成員職涯之規劃。

本篇故事涉及相關法律關係

1. 財團法人法
2. 民法

【本篇故事涉及相關法條：】

※ 財團法人法第 25 條第 3 項：

下列資訊，財團法人應主動公開：

一、前二項經主管機關備查之資料，於主管機關備查後一個月內公開之。但政府捐助之財團法人之資料，其公開將妨害國家安全、外交及軍事機密、整體經濟利益或其他重大公共利益，且經主管機關同意者，不公開之。

二、前一年度之接受補助、捐贈名單清冊及支付獎助、捐贈名單清冊，且僅公開其補助、捐贈者及受獎助、捐贈者之姓名或名稱及補（獎）助、捐贈金額。但補助、捐贈者或受獎助、捐贈者事先以書面表示反對或公開將妨礙或嚴重影響財團法人運作，且經主管機關同意者，不公開之。

※ 財團法人法第 24 條

財團法人應建立會計制度，報主管機關備查。其會計基礎應採權責發生制，會計年度除經主管機關核准者外，採曆年制，

其會計處理並應符合一般公認會計原則。

財團法人在法院登記之財產總額或年度收入總額達一定金額以上者，應建立內部控制及稽核制度，報主管機關備查；其財務報表應經會計師查核簽證，並應依主管機關之指導，訂定誠信經營規範。

※ 民法第 46 條
以公益為目的之社團，於登記前，應得主管機關之許可。
※ 民法第 60 條
設立財團者，應訂立捐助章程。但以遺囑捐助者，不在此限。
捐助章程，應訂明法人目的及所捐財產。

故事
Story
二

懸壺濟世不中斷，
談「醫療院所傳承」

◎摘要

有些醫師或許希望子女維持高社經地位，或者繼承祖業，所以
要求子女學醫，甚至安排遠赴海外取得醫師資格。但是，並不
是所有家庭都走得這麼順遂，而子女也不見得完全對從醫有熱
忱。如何讓子女，即使未取得醫師的資格，仍然能夠永續經營
院所，並且能夠發揚光大。

「時醫師，我準備要自行開業了，感謝您這五年來的指導。」許醫師送上禮物，跟時醫師道別。

時醫師今天在高雄鳳山的時婦產科診所，待得特別晚。從1988年開業以來已經三十多年。時婦產科診所，是鳳山地區最具歷史的婦產科診所。許多名人都是「他生的」。

甚至，之前在這裡接生的新生兒，又回到這裡工作過。走過多年的歲月，時醫生診所已然成了高雄鳳山的地標之一。近年又開設了月子中心，因為土地為自有，故價格實惠品質佳，往往須提前許久才預約得到，成為診所的另一個收入來源。

「這已經是第五個醫生要離開了，明天要再去跟學校與醫學中心問問，有沒有人來診所幫忙。」他這麼自忖著。

隨著年事已高，時醫生已經慢慢感受到體力不若以往，必須要請其他醫生協助。時醫生有一對兒女，皆從加拿大學成歸國，兒子是電腦工程師，女兒則跨足房地產業，對於醫學，皆無太多的興趣。時醫師雖然從兒女小時候就期待他們接班，但仍然無法強求他們天生的興趣與志業。不過，診所目前面臨接班的問題，極可能要盤讓出去，這也讓時醫師的心中百感交集。

子女不願意承接醫院的原因為何呢？解析如下：

有些醫師或許希望子女維持高社經地位，或者繼承祖業。所以要求子女學醫，甚至安排遠赴海外取得醫師資格。但是，並不是所有家庭都走得這麼順遂，而子女也不見得完全對從醫有熱忱。也常聽見，醫師子女好不容易到了實習醫師的階段，卻仍毅然決然，放棄從醫之路，回到自己真正有興趣的領域。

然而，「醫療志業」與「醫師資格」也不需要對立的如此辛苦。

只要子女願意參與，也未必要親自當醫生，亦可以讓父母的醫療志業傳承下去。財務顧問將以下三個觀念，來探討醫療志業傳承的可能方案：

觀念一 ／ 轉型成「醫療社團法人」

台灣的診所林立，診所是屬於私人的醫療機構，負責人是醫師本人，課稅時將以併入「個人綜合所得稅」申報並課徵。在現行的台灣法律架構上，診所或聯合診所是依附在醫師個人的醫療資格與證照下。若子女無法取得專業醫師執照，也就無法有效的傳承醫療事業給子女。也形成許多醫師，希望子女「也成為醫師」的望子成龍心態，來繼承家業。

根據《醫療法》，醫療機構被分成以下四大類，以及其他小類別；其中診所就是屬於「私立醫療機構」。

公立醫療機構	如，台北市立（聯合）醫院
私立醫療機構	
醫療法人	醫療財團法人
	醫療社團法人
法人附設醫療機構	私立醫學院校附設醫院
	醫務室 （事業單位及學校所設的）

目前許多大型醫院，也是以「醫療法人」的型態設立。其中有些用「醫療社團法人」，有些用「醫療財團法人」。

這兩者跟診所相比，都具有法人的資格。但是，其中前者是以「社員、人」為主體，而後者是以「捐款」、財產為主體。

兩者相較，比較適合診所轉型的方式是「醫療社團法人」。因為它的實際運作方式比較類似公司，有董事會（負責經營）、有社員（出資者），還可以分配盈餘給社員。所

以它就類似公司的型態一樣，出資者可以分配到經營之後的成果。

假設：時醫師將診所改制成「醫療社團法人」。子女加入成為社員，就可以獲得盈餘分配；子女成為董事，就能擁有實質經營權。而實際營運上可雇用專業醫師來當院長，主持診所的運作。

由於診所的負責人為醫師個人（自然人），所以，即便子女也成為了醫師，但一旦負責人變更之後，在法律上就視為另一個新設立的醫療機構了。然而，假設診所想要永續經營或者擴展業務，這樣的型態將帶來很多限制。可以說，私人醫療機構將與醫師的執業壽命相連結，而難以具備『永續經營』的條件。

但是在法人化之後，組織的治理、分潤與營運將皆受法律的明確規範。藉由制度與法律的適當規劃，醫療事業將可以順利的傳承給子女，甚至在子女過世之後，還能繼續傳給後代子孫。所以，這是可能實現『醫療世家』的一種方式。

至於「醫療財團法人」雖然也是法人。實務上也有大型醫院以財團法人方式設立，但因為它是以捐助之財產為主體（即「基金會」）。並且規定，不可將盈餘分配給特定對象；甚至在註銷之後，財產須依法歸屬於政府。僅較適合規模較大型的醫療事業，而不適合做為私人家族傳承的方式。

然而社團法人化的醫療事業，必須特別注意是醫師的家

庭是否已經對於家族事業的經營，做好了治理架構的準備。因為，社團法人是以『人合』為主的醫療事業，而且董事必須有 2/3 以上有醫事人員資格。故對於董事成員的掌握能力，將成為醫療社團法人的重要考慮因素。若後代有部分為醫事人員，但有部分不是。則家族權力之劃分，將可能會需要更多的心力去討論與分配。

觀念二 ／ 「公司化」醫療事業將更具發展韌性與彈性

在台灣醫療法的規範中，醫療組織有明確的『公益』性質。為避免組織追求股東利益的極大化，故而排除醫療事業「公司化」之運行模式。

然而，因應面對疾病之精緻化與精準化醫療的發展下，大量的資本購置醫療器具與設備，已經漸漸成為未來醫療的未來趨勢。想要永續經營醫療事業，通常需要引進相關產業、異業或更多的資本合作，藉以強化專業能力、做到產業持續升級。

而醫師個人往往因為資本有限，故在擴展醫療版圖與事業的過程中，往往較適合以公司或法人的方式，吸引資金與資源的投入。

然而，依據《醫療法》第 49 條規定：「法人不得為醫療社團法人之社員」。

在社員只能是自然人（個人）之限制下，財力、技術能力。往往是無法營利事業相比擬的，因此醫療社團法人的規模化、多元化會受到一定程度的限制。也使得醫療社團法人，先天產生了限制，而無形的造成資源導入上的阻礙。

若醫療事業能予以「公司化」，則將使得醫療事業，能更容易的吸引資金、人才與資源。透過移轉定價與功能風險合理規劃下，將部分醫療事業的功能拆入公司組織，將會比傳統的醫療機構，來得更有彈性與監理規範。

兩者的比較如下：

	公司化	醫療社團法人
相似之處	・實際營運架構類似，有出資者（股東或社員）、經營者（董事會）、可分配盈餘、可分配剩餘財產。	
相異處	・以營利為目的。 ・法人、自然人都可入股為股東，甚至架構成集團化的醫療事業。 ・募資方式多元。 ・股份可自由轉讓。	・以公益為目的。 ・法人不可出資成為社員。 ・不可公開募股、募資。 ・中央主管機關認定，醫療社團法人不應以營利目的而設立，因此應依循醫療法規，提撥一定比例至公益用途。

以本文的案例而言，時醫師可將診所以資產作價的方式，以資產設立新的 A 公司，成為 A 公司的主要股東。並將醫療行為中房租、設備、人力與管理功能拆分至 A 公司之中，並分配合理利潤。

　　A 公司也可轉投資成立其他的事業單位；或與異業合作的機會。在股東與資金的吸引上，也可以讓合作夥伴直接入股到 A 公司，或者入股到 A 公司旗下的其他事業體。這樣的話，時醫師的診所本身不必變更型態，依然是私立醫療機構（時婦產科診所），但透過公司化，拓展成為一個醫療事業管理與顧問公司，具有靈活的籌資與專業分工的功能。

　　而身為 A 公司大股東的時醫師，自然可以透過公司法的規定，選舉子女成為 A 公司之董監事，成為公司實質上的負責人，取得經營權。而時醫師可以透過股票信託與分年贈與的方式，讓子女慢慢取得公司之成為董事，也就擁有公司的經營權。然後再以贈與股票或股票信託的方式，讓子女取得公司的所有權與孳息分配權利。

各醫療機構制度比較：

	私人醫療機構	醫療財團法人	醫療社團法人	公司化
出資者	負責的醫師	捐助人	社員	股東
董事身分	須為醫師本人	非醫療背景亦可成為董事，但有親屬比例限制	非醫療背景亦可成為董事，且無親屬限制	適用公司法規定
盈餘分配	盈餘直接歸課至個人所得	不可直接分配盈餘予董事	依出資比例可分配盈餘予社員	依出資比例可分配盈餘予股東
募集資金限制	透過私人負債融資	不可公開募股、募資	不可公開募股、募資	適用一般公司募集資金方式
結束註銷	非法人，無剩餘財產分配問題	財產依法歸屬於國家或地方政府	可分配剩餘資產	可分配剩餘資產

觀念三 ／ 利用法人化，整合跨科別專業

法人化除了有利於時醫師的醫療志業傳承外。法人化後的醫療事業，因為在功能風險的合理劃分下，不同科別的醫療專業，很有可能都可以整合在統一的法人下。

例如，在 107 年 1 月 31 日長期照顧服務機構法人條例公布後，未來婦產科時醫師的子女，甚至可以因應高齡化、長照的趨勢，在新設立的公司下，轉投資營利性的「社團法人」長照中心。讓時醫師的醫療事業版圖，擴展「0 歲到 100 歲」。

綜上分析，法人化與公司化的醫療事業架構設計，將比過往的非營利性質的醫療事業，更具有事業經營上的彈性與韌性。而在有限公司有限責任的架構下，也能適度的降低醫療糾紛產生的風險。

本文以長照事業為例，主要因為長照在台灣高齡化的社會中是未來的趨勢之外。值得一提的是，政府近年通過了《長期照顧服務法》、《長期照顧服務機構法人條例》等法規，讓「長照社團法人」有別於「醫療社團法人」，而擁有較大的營運自由度，鼓勵國人積極投資。

其中「營利法人」得以社員身分投資長照社團法人，並當選三分之一席次的董事，是放寬主要亮點之一。在本文的案例中，該公司就因此可以投資長照社團法人，開設護理之

家或其他住宿型、綜合型的照護機構。

　　此外，在新制度下，長照社團法人不必非以公益為目的，也可以以營利為目的，其規模最多可達到二千床。在公司化的經營架構下，醫療院所將可以達到規模化、多角化的拓展，甚至可進一步邁入資本市場。

結論

以台灣現行醫療事業公司化已非常普遍，例如：大學光學、盛弘醫藥（敏盛醫院）等。都已經成功進入台灣資本市場，並朝向國際化發展。

而近年的新制「閉鎖型公司」，又具有量身訂做的特質。所以對於家族事業來說，如何在開展業務，與保有控制權之間取得平衡，更多了許多可靈活操作的空間。

對於醫療事業來說，資通訊、建築（物業、房地產）、金融等，都是未來產業升級須掌握的重要面向。如果子女不想從醫，其實，仍是可以透過公司化與法人化的方式，跨業與跨域的掌握醫療事業的豐厚利潤。

例如：長照、醫美、醫療設備、醫材……。或許，放手請專家規劃與設計醫療或照護機構的運作，會讓醫療事業更好的綜效與永續發展。

本篇故事涉及相關法律關係

1. 醫療法
2. 長期照顧服務機構法人條例

【本篇故事涉及相關法條：】

※ 醫療法第 5 條

本法所稱醫療法人，包括醫療財團法人及醫療社團法人。

本法所稱醫療財團法人，係指以從事醫療事業辦理醫療機構為目的，由捐助人捐助一定財產，經中央主管機關許可並向法院登記之財團法人。

本法所稱醫療社團法人，係指以從事醫療事業辦理醫療機構為目的，經中央主管機關許可登記之社團法人。

※ 長期照顧服務機構法人條例第 30 條：

長照機構社團法人之設立，應檢具組織章程、設立計畫書及相關文件，向主管機關申請許可後，於三十日內依其組織章程成立董事會，並依下列規定辦理：

一、以公益為目的之長照機構社團法人，應將董事名冊於董事會成立之日起三十日

內，報主管機關核定；於經核定後三十日內，向該管地方法

院辦理法人登記，並自法院發給登記證書後十五日內，將證書影本報主管機關備查。

二、前款以外之長照機構社團法人，應將董事名冊於董事會成立之日起三十日，報主管機關登記後，發給法人登記證明。

故事
Story
三

運用公司股份工具
彌平家族糾紛

◎摘要

文老闆深知家族內鬨不合，遲早有一天會影響到公司整體營運，尤其公司在研發方面不遺餘力的投入資金及技術，以公司及個人名義，都掌握到相當多專利權，時常成為其他公司併購目標，難保有一天，三兄弟會再次因為經營上不同的想法，分道揚鑣導致家族企業分崩離析。

文老闆早年與他兩個弟弟合夥成立機械設備公司，三個人從黑手起家當學徒到出來合夥設立公司花費了大量的心血與金錢，經歷金融海嘯、石油危機，甚至差點公司破產，創業路走得艱辛。直至今日公司上市成為著名機械設備企業，一切都非常不容易。但公司規模日漸擴大，三兄弟也時常面臨決策上的衝突，時常因為三兄弟不和，甚至被新聞報導！

　　文老闆深知家族內鬨不合，遲早有一天會影響到公司整體營運，尤其公司在研發方面不遺餘力的投入資金及技術，以公司及個人名義都掌握到相當多專利權，時常成為其他公司併購目標，難保有一天三兄弟會再次因為經營上不同的想法，分道揚鑣導致家族企業分崩離析。尤其身性節儉的文老闆對於兩個弟弟有錢後，就不停揮霍的敗家行為感到極為困擾。

　　此外，文老闆也很擔心未來第二代、第三代家族成員加入企業經營，公司股份將會因繼承股份分散，或者因為家庭成員龐大導致第三方透過市場持有股票取得家族持股，介入公司經營大權。一輩子的心血、將企業由家族永續經營的願景將就此粉碎。想到此，文老闆不禁感到擔憂不已。

一、分家產但不分家業：閉鎖性公司的優勢

　　2015 年政府為營造更有利的商業環境並且鼓勵新創產業發展，修訂《公司法》引進「閉鎖性股份有限公司」的制度。所謂閉鎖性股份有限公司是指股東人數不超過 50 人以上，並且於章程明定股份轉讓限制的非公開發行股份公司。此外，閉鎖性公司章程可彈性規劃、出資方式也不限於現金，可以勞務出資方式入股，尤其在股票發行方面還可選擇發行面額股及無面額股。也因此在《公司法》修訂後，許多家族企業紛紛成立閉鎖性公司，將股票集中在閉鎖性公司內，避免家族接班或是內鬥導致股權分散問題。

　　原先文老闆三兄弟是分別成立 5 家投資公司以及以個人身分持有母公司股票，時常因為盈餘分配及資金運用上常因為無法達到共識，結果資金凍結在投資公司內無法靈活應用。而在現今已經取消兩稅合一制度後，盈餘若是凍結在投資公司之帳戶中，將會被課徵 5% 的未分配盈餘稅，並且永久性的無法與個人綜合所得稅扣減，形成租稅的浪費。故，文老闆若能重新設計股權架構後，將可以對家庭紛爭與租稅浪費提供一個可以的解決方式。如今新推出的閉鎖性公司針對此也提供了解決方案。

　　各房子女可將所持有之投資公司 A、B、C、D、E 之股權作價到新的閉鎖性家族控股公司。在這樣的投資架構下，母

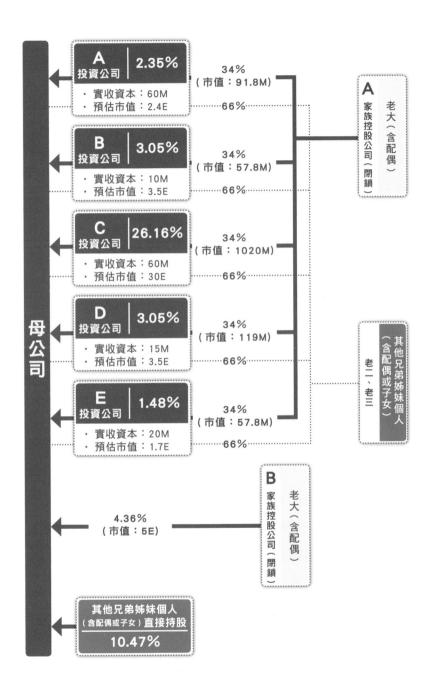

公司每年所賺取的股利，第一層的投資公司可以利用作為母公司持股的調節，在未來若是有市場派想要取得母公司經營權時，將得以增加持股，穩固家族的控制權。而在平時，投資公司 A、B、C、D、E 收到的股利，也將得以分配到各房的家族閉鎖控股公司，由各房子女與後代彈性運用，而不用跟其他各房有所爭執。在簡單的股權調整後，文老闆家族將能順利的達成分家但不分業的團結家族功能。

二、閉鎖型公司與股份有限公司差異

閉鎖型公司對於股東人數、出資方式與章程訂定，都與一般之有限公司與股份有限公司有所不同。對於家族企業而言，卻多了一個選擇與彈性調整之組織態樣。在 2019 年，台灣股王大立光創辦人華耀英成立了茂鈺紀念公司並在 2020 年與另一個法人大股東石安股份有限公司合併，並更名為茂鈺紀念股份有限公司（下稱茂鈺公司）。而茂鈺紀念股份有限公司即是閉鎖型股份有限公司，在公開的資訊中，股東未經公司同意不能售出茂鈺股權，也讓第三代的股權必須強制集中至茂鈺紀念股份有限公司，而仍必須努力工作，無法靠領股息就可以生活。而大立光所配發予茂鈺公司之的股息將會優先用於購買大立光之股票鞏固家族對於大立光之經營權。

用簡單閉鎖型公司設計，就可以達成家族志業傳承的規劃。茲將不同公司類型之簡單整理：

	有限公司	股份有限公司	閉鎖性股份有限公司
股東人數	由 1 人以上股東組成	2 人以上自然人或政府或法人股東 1 人	股東人數不超過 50 人
股東責任	有限責任	有限責任	有限責任
出資型態	現金、其他財產	現金、其他財產、技術	現金、其他財產、技術、信用、勞務（不得超過發行總數一定比例）
股票發行	不得發行股票	有面額	有面額或無面額
股權轉讓	其他全體股東過半數之同意。（不同意之股東有優先受讓權）	股份自由轉受讓（但發起設立 1 年內不得轉讓）	章程得載明股份轉讓限制。
盈餘分配	每年度決算分配一次	每年度決算分配一次	得半年分配一次盈餘
特別股及表決權	每一股東不問出資多寡，均有一表決權。（得以章程訂定按出資多寡比例分配表決權）	每股一表決權，但特別股得限制無表決權	每股一表決權，但得發行複數表決權及特定事項表決權特別股

三、特殊條件股份吸引專業經理人

　　公司法在 2018 年 9 月修法前，面額制度被認為是資本與股份之間密不可分關係之代表，立法者認為將公司全部資本分為齊一均等之股份，並應以每股金額作為表彰股份之最小單位。然而，資本與股份的齊一均等，卻造成了為了扶植新創與中小企業，允安股份有限公司可以發行極低面額之股份與無面額之股份，將使技術與勞務等非現金出資者，取得公司股權的門檻相對較低，讓公司的營運不再僅僅是比誰出的錢多。如此一來，公司可以極低價格發行股票，即使出資金額不高，也能取得相對高股數，吸引技術與管理技能者加入公司經營。而導入低面額或無面額股票之公司，也因此可彈性的依據公司的不同發展階段，規劃適當的發行價格，面對財務性、策略性與管理階層等不同的角色之投資人入股。

　　而特別股之規定，同樣在 2018 年修法後，非公開發行股票公司針對特別股的發行限制也予以放寬。公司可以在章程中增加諸多彈性設計，將股東權中的盈餘分配請求權、賸餘財產分配請求權或表決權等權利以特約的方式，有別於一般普通股。原本的立法意旨也是針對新創與技術型公司便利籌資與股權結構的規劃，但在家族企業的志業傳承上，若能妥善規劃與應用，也將能發揮特定的功效。司發行特別股可於公司設立時或成立後發行新股時進行，並應於章程記載其種

類及權利義務做為發行之依據。

　　家族企業對於人才的吸引力，通常是低於一般的公司的，有能力者往往都不想一輩子成為別人的『打工仔』，而家族企業老闆也擔心經理人的反向篡位取而代之。在過往的股權單一的時候，往往無法設計出以股權為基礎的金融工具來激勵員工或是吸引特定投資人。

　　但是在現在多元的公司股權架構設計下，文老闆可以將家族人員設計領取具有否決權或多表決權的特別股，或是針對非核心家族人員、員工或高階經理人領取僅有盈餘分配權的特別股。而在不同階層的控股架構下，低／無面額股票與特別股是可以互相搭配獲得更大的效益。

　　例如控股公司發行低面額股份取得營運公司的複數表決權之特別股。

	低／無面額	特別股
股東責任	有限責任	有限責任
出資型態	現金、其他財產	現金、其他財產、技術
表決權限	參與公司決策與經營	限制或特定參與公司權限
表決權數	一股一表決權	可一股多權或無權
盈餘分配權	每股均一	可特別約定盈餘分配
轉換	無面額公司不可再轉換為有面額公司	可約定一定條件轉換為普通股

四、結論

　　公司股權的設計，在 2018 年公司法修法之後，有了重大的彈性與改變。家族企業在設計志業傳承的規劃時，往往透過股權之規劃就可以設計良好的公司治理與權力，彌平家族中常見的紛爭。

本篇故事涉及相關法律關係

1. 公司法

本篇故事涉及相關法條：

※ 公司法

第 356-3 條：『發起人得以全體之同意，設立閉鎖性股份有限公司，並應全數認足第一次應發行之股份。

發起人之出資除現金外，得以公司事業所需之財產、技術或勞務抵充之。

但以勞務抵充之股數，不得超過公司發行股份總數之一定比例。

前項之一定比例，由中央主管機關定之。

以技術或勞務出資者，應經全體股東同意，並於章程載明其種類、抵充之金額及公司核給之股數；主管機關應依該章程所載明之事項辦理登記，並公開於中央主管機關之資訊網站。

發起人選任董事及監察人之方式，除章程另有規定者外，準用第一百九十八條規定。

公司之設立，不適用第一百三十二條至第一百四十九條及第一百五十一條至第一百五十三條規定。

股東會選任董事及監察人之方式，除章程另有規定者外，依第一百九十八條規定。

※ 公司法第 156 條

股份有限公司之資本，應分為股份，擇一採行票面金額股或無票面金額股公司採行票面金額股者，每股金額應歸一律；採行無票面金額股者，其所得之股款應全數撥充資本。

公司股份之一部分得為特別股；其種類，由章程定之。

公司章程所定股份總數，得分次發行；同次發行之股份，其發行條件相同者，價格應歸一律。但公開發行股票之公司，其股票發行價格之決定方法，得由證券主管機關另定之。

股東之出資，除現金外，得以對公司所有之貨幣債權、公司事業所需之財產或技術抵充之；其抵充之數額需經董事會決議。

故事
Story
四

運用董監責任保險，
傳承志業

◎摘要

社會上有許多，因創辦人不幸發生了意外或疾病之後，由於未事先安排妥接班計畫以及股權轉移，甚至安排好輔佐大臣。導致少主與老臣們因為爭奪經營權而互鬥，相信這樣的事件，不論在各種規模的企業，都難免會發生。只是，因為經營權爭奪的事件連累企業股價受挫，甚至影響到企業永續發展，恐怕只有知名的企業才會被報導出來。

祈先生出生於南部務農的家庭，且由於早期農村社會的大家族思維，從事務農的家庭，家境與生活品質自然來的低落些。雖然家境不寬裕，但祈先生從小就被教導；人雖然窮，但不能沒有志氣！這樣的家庭教育，成為祈先生終生奉行的圭臬。

　　祈先生天生聰慧，且努力自學。雖然不能像同學能參加課後補習或是請家教，但祈先生求學過程中，一路上都考上當地最好的國中、高中。

　　憑著積累的知識與勤學，祈先生為了提早能夠有收入以便改善家庭生活環境，於是決定高中畢業後要投考師專。一來可以不用讓家人負擔他的學費，二來他可以有些生活補助費，還可以幫忙父母照顧弟妹所需。就這樣，祈先生終於如願以償的考取師專，也順利的畢業、分發成為老師。

　　然而，在教職的生涯當中，有限的收入並不如起初所夢想的，可以大舉改善家人的生活品質，左思右想之際，祈先生在下班之後，效法其他同事，開始化名在補習班教課，以便賺取更多的收入。

　　或許是因為祈先生出身卑微，講話談吐比其他老師們更接地氣，也懂學生的心理，再加上從小自學苦讀的背景，祈先生設計了許多獨門的教學系統。

　　祈先生在補習班所開的課，一砲而紅、大受學生的歡迎。短短幾年，已經在該市成為首屈一指的王牌補教老師了。祈

先生從一個鄉村來的窮小子，到現在每月收入百萬。這一切彷彿是做了一場夢，連祈先生自己都不敢相信。

　　成為紅牌講師之後，許多補教業者紛紛上門尋求合作的機會。從高薪挖角，到提出誘人的合夥人計畫。祈先生深思熟慮後，決定辭去學校的工作，並且引進日本的教育系統，自行創業成立小班制的升學補習班。新型態的經營手法，加上祈先生多年來的教學經驗，以及國際級的教育系統，獨特經營型態，霎時間，吸引了許多補教老師紛紛加盟祈先生的補習班。短短的幾年間，祈先生教育系統的補習班分店，如雨後春筍般地在全省各地一間間的創立。祈先生的補習班系統，也從線下課程發展到線上。終於，祈先生的補教王國在台灣掛牌上市了。

　　隨著補教王國發展的過程中，祈先生需要大量的幫手加入，因此，他陸續地引進了家族的成員加入企業服務。這批跟隨祈先生打拼的家族成員，自然也成為了企業的開國元老與股東們。

　　隨著時光快速地推進，祈先生的一雙兒女也陸續從海外學成歸國，在企業中擔任父親的特助。除了學習企業的事務之外，也準備未來進入接班企業的梯隊中。由於祈先生親自主導大權，孩子們與老臣也都相安無事，彼此也頗互相尊重。但，這並不表示，這些叔姪輩的老臣們，甘心樂意地看著祈先生的孩子成為接班人。因為，他們也希望能夠安排自己的

子女進入企業之中，享受他們與祈先生，胼手胝足共同創下的江山。

好景不常。某日，祈先生因為罹患嚴重的中風，必須要交出經營管理權返家休養。企業經營權紛爭，漸漸的浮上檯面。由於祈先生中風發生的太意外，以至於子女只能夠倉促的接班。子女們在沒有股權的身份下，登記為公司的負責人，接手經營這間龐大的補教王國。然而，心有不甘的老臣們，卻正處心積慮地，設法要拉下祈先生兒女的經營權，然而，他們又忌憚祈先生握有龐大股權。

該怎麼做呢？老臣們心想，最好的方法就是讓公司的營運出問題、股價下跌，同時能夠讓祈先生的孩子吃上官司。這樣就可以名正言順地，在董事會解除他們的經營權，並且換自己擔任經營者，未來再一步步的吃下公司的股權，有朝一日公司就能夠操作易主了。

果不其然，在老臣們刻意操作下，祈先生所建立的補教王國，陸續發生了侵犯智慧財產權的糾紛，以及與加盟店分潤糾紛、乃至企業惡意解雇員工等等的事件發生。終於導致補教王國的股價狂跌，損害賠償的糾紛不斷。祈先生所創建的補教王國，企業形象一落千丈，學生也大量的流失，再加上訴訟不斷，祈先生與他參與經營的兒女們，在諸多因素的考量下，最後選擇將股權賣給老臣們，從此淡出祈先生費盡一生之力所創辦的補教王國。

從此案例來看，社會上的確有許多，因創辦人不幸發生了意外或疾病之後，由於未事先安排妥接班計畫以及股權轉移，甚至安排好輔佐大臣。導致少主與老臣們因為爭奪經營權而互鬥，相信這樣的事件，不論在各種規模的企業，都難免會發生。

只是，因為經營權爭奪的事件連累企業股價受挫，甚至影響到企業永續發展，恐怕只有知名的企業才會被報導出來。

依據本案的狀況，解析如下：

一、企業對他人造成的侵權行為，負責人與董監事需負擔賠償責任。

由於祈先生所創建的補教王國，許多教材研發與規劃都是出自於祈先生的手筆。當祈先生重病之後，為了延續補教王國的競爭力，只能向外採購教學方案。然而祈先生的子女一時不察，侵害了其他補教業所開發的教材，以至於侵犯了智慧財產權。必然面臨到民事上的侵權行為損害陪償。

二、企業因決策不當導致公司價值受到影響，負責人與董監事需負擔賠償責任。

企業由於片面修改了與加盟商的合約，並且未取得加盟商的同意。這樣的行為侵害了加盟商的權益，自然會遭遇到加盟商提起訴訟，以及對於損害賠償的請求。

三、企業對員工有不當不公平待遇，負責人與董監事需負擔賠償責任。

企業對於員工，有不當或不公平的待遇，除了違反了雇用契約之外，也可能觸犯了勞動基準法的相關對於企業的規範。員工當然有權利對企業提出賠償的請求。

四、企業應作為而未作為，負責人與董監事需負擔賠償責任。

面對老臣們的逼宮與許多危害企業營運，並損害股東與債權人的權利下。倘若祈先生的子女們選擇消極的不作為，進而造成公司持續做出不利於股東、債權人權益的侵害。都有面臨到訴訟與求償的可能性。

公司及董監事可能遭受賠償請求的相關訴訟來源	
股東	因決策不當、陳述不實、違反委任義務、誤導陳述等。
顧客	買賣糾紛、產品瑕疵糾紛。
競爭者	侵權行為、專利糾紛、侵犯智慧財產權等。
員工	違反僱傭契約、不當不公平待遇。
其他（投資人保護機構）	內線交易、有價證券交易事件。
政府	公開說明不實、違反證券交易法令。

故事中的祈先生，滿懷雄心壯志所打造的補教王國，卻由於經營權之爭，而最後家族完全退出企業，相信祈先生必定會感到十分的傷心與難過。這樣的結局，何曾是祈先生所能想像得到的呢？

　　而他的兒女雖然加入企業歷練，並且成為實際負責人，且參與重要經營與決策工作，然而由於經驗不足，對於公司老臣刻意給予錯誤的決策不察，導致侵犯了他人智慧財產權，以及片面變更與加盟主的合作條件而遭求償，惡意解雇員工等等一連串的事件。這一連串的影響企業營運的事件，最終需要承擔起責任的，當然是登記為實際負責人，卻沒有股權的子女。

　　那麼本案中的祈先生，可以透過什麼方式，來保護自己一生奮力打造的補教王國，又同時避免經營權之爭呢？

　　本案解決目標，係從如何讓祈先生的補教王國志業能夠永續發展而定：

　　一、大股東家族應維持持股比例。

　　祈先生窮一生之力創辦補教王國，並且能夠成為上市公司，必然是希望能夠永續發展。然而許多企業面臨經營權之爭，不外乎是經營者持股比例過少，以致當企業又遭逢變故或營運不彰時，很容易引起他人的覬覦。所以祈先生身為創辦人，應盡可能保有一定比例之股權，除了可以避免經營權

糾紛影響企業形象與營運之外，其所持有的股權，未來亦可以成為傳承給子孫的財富。

二、引進專業經理人，經營權與所有權分離。

本案祈先生的企業之所以引起經營權之爭，是出自於祈先生接班子女，與兼具開國元老與小股東雙重身份的員工們在經營路線上的分歧，或是在利益上的爭奪所產生的結果。然而從企業永續經營的角度，祈先生應事先引進專業經理人投入經營，降低個利害關係人的利益糾紛。

引進專業經理人，並不否認子女沒有能力接班，亦不表示不能從內部拔擢資深員工。而是經營者要綜合考量企業的文化與生態，同時經營者必須要以更宏觀的視野，讓經營權與所有權分離。已確保企業能夠永續成長，並且為股東創造最大獲利，並保障債權人之權益，以及消費者的使用權益等原則。如此方能杜絕企業因為經營權之爭，而危害到股東、債權人、消費者與員工權益，達成企業之社會責任。

三、善用「董監暨重要員工責任保險」，保障專業經理人與董監事。

企業在營運過程中，為了能夠聘任專業經理人，且讓董監事更能勇於任事，進而達到強化公司之治理。企業應投保「董監事暨重要員工責任保險」達到轉嫁或降低因公司遭訴訟求償，導致企業財務遭受影響等負面的因素。同時也確保董監事暨重要員工在執行職務時，可能因為錯誤或疏失而導

致的損失負擔與法律責任風險。

　　倘若因為企業營運的過程中，動則讓專業經理人或董監事，背負極大的法律責任與賠償責任，那麼就不會有人願意擔任經營者，企業的經營風險也就更增加，公司也無法達到有效的治理，經營權與所有權就更難以分離。運用董監事責任保險的功能，可以避免企業遭遇到高額求償時，大股東一時間無力償還，又借貸無門，甚至被迫要交出經營權。

　　然而，企業若事先規劃董監事責任保險，未來在面對訴訟時，可以委由保險公司法務來處理。同時，即便面對高額賠償，也可由保險公司來支付相關的賠償金，而不至於對企業傷筋動骨。此外，面對惡搞公司的員工，企業主亦有餘裕可以提請損害賠償等訴訟，確保公司權益。即便，可能由於股東的惡鬥導致少主暫時失去經營權，但因為董監事責任保險的保障，讓大股東保有足夠東山再起的現金，未來在有適當機會時，可以東山再起。

總結

　　在台灣有許多殷實的創業家，他們懷抱著遠大的志向與夢想，創建了傲人的事業王國。然而，這些創業家有一個共通點，就是他們的專精於本業的技術，然而對於公司治理卻可能力有外逮，已致可能遭逢某些事故，就會讓有心人趁虛而入。

　　我們衷心的建議創業家們，在關於「傳承」的議題上，應優先聚焦於如何讓「志業」永續經營、企業永恆發展，進而達成企業之社會責任與社會價值。其後，才是去思考如何將「財富」傳承給子子孫孫。

　　倘若，我們能夠將「志業傳承」安排妥當，企業能更不斷的創新、突破與發展，子孫保有創業家所留有的「股權」，未來所能享受到的果實，相信更為甜美，且更能庇蔭子子孫孫。

本篇故事涉及相關法律關係

1. 民法
2. 證券交易法
3. 公司法
4. 侵犯智慧財產權或違反公平交易法
5. 證券投資人及期貨交易人保護法

【本篇故事涉及相關法條：】

民法：

※ 第 28 條（法人侵權責任）

法人對於其董事或其他有代表權之人因執行職務所加於他人之損害，與該行為人連帶負賠償之責任。

※ 第 184 條（一般侵權行為）

因故意或過失，不法侵害他人之權利者，負損害賠償責任。故意以背於善良風俗之方法，加損害於他人者亦同。

※ 第 185 條（共同侵權行為責任）

數人共同不法侵害他人之權利者，連帶負損害賠償責任不能知其中孰為加害人者，亦同。

※ 第 544 條（違反委任義務）

受任人因處理委任事務有過失，或因逾越權限之行為所生之損害，對於委任人應負賠償之責。

※ 公司法：

※ 第 8 條（公司負責人）

本法所稱公司負責人：在股份有限公司為董事。公司之···股份有限公司之··監察人，在執行職務範圍內，亦為公司負責人。

※ 第 23 條（負責人侵權責任）

公司負責人應忠實執行業務並盡善良管理人之注意義務，如有違反致公司受有損害者，負損害賠償責任。公司負責人對於公司業務之執行，如有違反法令致他人受有損害時，對他人應與公司負連帶賠償之責。

※ 第 193 條（董事會執行業務及責任）

董事會之決議，違反法令章程及股東會之決議，致公司受損害時，參與決議之董事，對於公司負賠償之責；···。

※ 第 214 條（股東之提起訴訟權）

繼續一年以上，持有已發行股份總數百分之三以上之股東，

得以書面請求監察人為公司對董事提起訴訟。監察人自有前項之請求日起，三十日內不提起訴訟時，前項之股東，得為公司提起訴訟；‧‧‧。

※ 第 219 條（監察人之調查權及違反責任）
監察人對於董事會編造提出股東會之各種表冊，應予查核，並報告意見於股東會。監察人違反第一項規定而為虛偽之報告者，各科新臺幣六萬元以下罰金。

※ 第 224 條（監察人賠償責任）
監察人執行職務違反法令、章程或怠忽職務，致公司受有損害者，對公司負賠償責任。

※ 證券交易法：
※ 第 32 條（公開說明書虛偽、欠缺應與公司連帶負賠償責任之人）
公開說明書，其應記載之主要內容有虛偽或隱匿之情事者，左列各款之人，對於善意之相對人，因而所受之損害，應就其所應負責部分與公司負連帶賠償責任：
一、發行人及其負責人。
二、發行人之職員，曾在公開說明書上簽章，以證實其所載內容之全部或一部者。
三、該有價證券之證券承銷商。

四、會計師、律師、工程師或其他專門職業或技術人員，曾在公開說明書上簽章，以證實其所載內容之全部或一部，或陳述意見者。

※ 第 157 條（歸入權）

發行股票公司董事、監察人、經理人或持有公司股份超過百分之十之股東，對公司之上市股票，於取得後六個月內再行賣出，或於賣出後六個月內再行買進，因而獲得利益者，公司應請求將其利益歸於公司。發行股票公司董事會或監察人不為公司行使前項請求權時，股東得以三十日之限期，請求董事或監察人行使之；逾期不行使時，請求之股東得為公司行使前項請求權。董事或監察人不行使第一項之請求以致公司受損害時，對公司負連帶賠償之責。

證券交易法：

※ 第 157-1 條（內線交易及違反責任）

左列各款之人，獲悉發行股票公司有重大影響其股票價格之消息時，該消息未公開前，不得對該公司之上市或在證券商營業處所買賣之股票或其他具有股權性質之有價證券，買入或賣出：

一、該公司之董事、監察人及經理人。

二、持有該公司股份超過百分之十之股東。

三、基於職業或控制關係獲悉消息之人。

四、從前三款所列之人獲悉消息者。反前項規定者，應就消息未公開前其買入或賣出該證券之價格，與消息公開後十個營業日收盤平均價格之差額限度內，對善意從事相反買賣之人負損害賠償責任；其情節重大者，法院得依善意從事相反買賣之人之請求，將責任限額提高至三倍。

證券投資人及期貨交易人保護法：

※ 第 28 條（保護機構訴訟或仲裁實施權）

保護機構為維護公益，於其章程所定目的範圍內，對於造成多數證券投資人或期貨交易人受損害之同一證券、期貨事件，得由二十人以上證券投資人或期貨交易人授與訴訟或仲裁實施權後，以自己之名義，起訴或提付仲裁。證券投資人或期貨交易人得於言詞辯論終結前或詢問終結前，撤回訴訟或仲裁實施權之授與，並通知法院或仲裁庭。

PART 2 資產傳承篇

- 遺囑
- 再轉繼承
- 不動產繼承
- 協議分割繼承
- 公證離婚
- 二親等買賣
- 夫妻剩餘財產分配請求權
- 海外重婚
- 保險
- 預留稅源

故事
Story
五

自書遺囑
與再轉繼承的規劃

◎摘要

安先生夫妻們彼此討論後，雙方做出了一致的決定：「萬一，
誰先走一步。就將所有的財產全部由對方繼承。並且用來扶養
與教育子女」。就這樣，兩人就分別立下了一份相同的遺囑，
並希望藉由這份遺囑，作為未來另一半，在喪偶的同時，仍然
能夠遵循自己生前的意志，完成他們的心願。

家住台南市文教區的安先生夫妻家庭，安先生是一位上班族，而太太則是知名高中的國文教師，他們育有三名子女。而樸實的夫妻更以虔誠的信仰，來經營他們的家庭與教育子女。因此，在親朋好友的眼中，安先生夫妻一家，堪稱是模範家庭。

某日安太太在學校教書的時候，聽聞同事的婆家，正為了繼承財產的事情，全家鬧得不可開交，甚至全家為此撕破臉。眼看同事一家，為了爭產鬧的家人水火不容。某一晚，安太太百感交集之下，拿起了筆為自己擬出了一份遺囑。畢竟，遺囑至關重要，每當安太太想到哪兒不妥時，便會反覆地將遺囑拿出來仔細修改與推敲，直到認為可以完全放心為止。

當安太太自己的遺囑完成後，她向安先生說明了他遺囑規劃的內容，安先生聽到後，也深深的認同。於是安先生夫妻們彼此討論後，雙方做出了一致的決定：「萬一，誰先走一步。就將所有的財產全部由對方繼承。並且用來扶養與教育子女」。就這樣，兩人就分別立下了一份相同的遺囑，並希望藉由這份遺囑，作為未來另一半，在喪偶的同時，仍然能夠遵循自己生前的意志，完成他們的心願。

數年之後，安先生繼承了一批位於楠梓、橋頭地區的農地。由於這些土地十分適合耕種與養殖。安先生夫妻毅然決然的，帶著三名子女從台南遷移到楠梓，開啟了他們的養殖

事業。這樣雲淡風輕的生活，對安先生夫妻而言，也相當的浪漫寫意。

　　早期的高雄，楠梓、橋頭地區都是農漁養殖的用地，土地價格並不高。然而，隨著台灣經濟起飛，高雄的都市發展快速往外圍延伸。科技產業的聚落與科學園區紛紛設立在當地。小小的楠梓與橋頭地區，當時竟然就設立了三所大學。而安先生當初所繼承，那些沒有什麼價值的農地，經過都市重劃後，紛紛成了燙金又高價的建地。安先生除了因為土地被政府徵收獲得了許多的補助款之外，他們的土地更成為了建商獵地的對象。然而，原本就不是想要透過土地致富的安先生夫妻，一一拒絕了上門的建商。因為，對他們而言；家庭和樂與知足，才是他們的共同理念。因此，這樣的理念，也維繫著這個家庭。即便他們三位子女都已經紛紛成家立業，且長子與三女兒都已經去外地發展了。

　　在重要的家庭日子裡，三名子女都會攜家帶眷探望阿公與阿嬤。而住在高雄的二女兒，更是常常會回到家中，擔負起照顧爸媽的重責大任。對於原本就追求家庭第一的安先生夫妻，這就是他們所追求的幸福。

　　天有不測風雲，安太太某日因為舊疾復發，在經過醫師的診斷後。原來，困擾安太太多年的舊疾，確定為肝癌。半年後，安太太辭世了。安先生辦理完後事後，將三名子女找來並告訴他們。原來多年前，他們早已經擬好遺囑。遺囑的

內容是，媽媽所有的財產，由爸爸單獨繼承。

當安先生辦理「協議分割繼承時」，子女們的想法卻開始出現分歧了！

老大，原本就因為經商失敗，積欠了銀行與民間，連本帶利高達近八百萬的負債。對於媽媽希望把財產全部由父親繼承的遺願，本來就不反對。而二女兒對於媽媽的遺願也表支持。但是！三女兒卻有不同的想法。面對這麼龐大的土地財產，這可能是許多人幾輩子也賺不到的財富吧？因此，三女兒請教了律師，得知「遺囑不能破特留分」後。因此，三女兒拒絕媽媽的全部財產由爸爸單獨繼承。

隨著繼承辦理限定時間要截止了。面對家中的紛擾，大兒子為了不讓老父傷心，自願拋棄對媽媽的繼承權，並且也獲得法院的裁定。但三女兒卻緊咬著她的權利，不肯放棄。也因此，種下了安先生與三女兒的誤會，從此兩人意見相左。由於三女兒對老父的見解不同，也就很少回家探望父親了。

就在申報繼承六個月到期前，安先生收到國稅局的通知。如果再不辦理繼承申報就要罰款了。如果無法取得三女兒的同意及印鑑證明，就不能辦理「協議分割繼承」，只能「公同共有繼承」。當安先生看到國稅局的通知後，悲從中來。除了想到夫妻從年輕一路打拼的幸福時光。看著年輕時的全家福相片，想到夫妻兩人攜手將三名子女撫養成人，更是許多親友中的模範家庭。怎麼如今孩子為了財產，就像變了另

一個人！難道錢比媽媽的遺願還重要嗎？難道錢比維持家族的和諧還要重要嗎？

每日，這樣的疑惑與失落，總是百轉千迴的在安先生的腦海中出現。一不小心，安先生因此發生了重大的車禍。家中的繼承還沒有處理完，又要處理車禍的訴訟。心力交瘁的安先生，日漸消瘦，不久之後安先生也辭世了。

在安太太的遺產，無法順利辦理繼承申報的狀況下，安先生也相繼辭世了。這讓整個繼承的情形變得更複雜了，也就是所謂的「再轉繼承」。

原本安太太的繼承申報是由安先生負責。但安先生相繼辭世後，這重擔就落在大兒子的身上了。當大兒子去清查母親的財產後，發現媽媽的財產為：

①台南市透天舊宅，價值 510 萬元。

②高雄市區大樓房屋，價值 145 萬元。

③六家銀行帳戶，現金約 1,120 萬

④股票（包含上市、興櫃與未上市）價值 600 萬元。

　總資產共：2,375 萬左右。

安先生的資產經清查後；

①第三種住宅用地二筆，分別價值 3,320 萬與 180 萬。

②住宅用地一筆，價值 1,143 萬。

③住宅用地一筆，價值 499 萬。

④道路用地一筆，價值 133 萬。

⑤農地一筆，價值 641 萬。

⑥三家銀行帳戶，現金約 200 萬

⑦股票（包含上市、興櫃與未上市）價值 500 萬元。

⑧國產中古車一筆，價值 20 萬。

總資產共 6,636 萬。

案例中，我們看見安先生夫妻一生雲淡風輕。相信他們也意想不到，所繼承的祖產會隨著都市進步水漲船高、一夕暴富。卻也意外地引起子女的爭產。這樣的場景，在社會新聞中，時常看見。然而少見的，鮮少有人可以智慧的傳承，並在百年後仍然能維繫家族親人的情感。

由此可見，單單倚靠遺囑並不能夠解決「資產傳承」的問題。本案的問題，就發生在民法「遺囑不破特留分」的規定。即便訂立了遺囑，也無法百分之百將財產轉移給特定的繼承人，因為任何有權利繼承的繼承人，都可以依法主張她的權益。

本案中的三女兒，就是積極主張權益的代表。或許三女兒的本意並不是要巧取豪奪媽媽的遺產，但三女兒卻忽略了母親遺願對父親的重要性。以至於繼承無法順利完成，還造

成了父親辭世的憾事。

　　當本案顧客諮詢財務顧問後；財務顧問的解決方案與協助如下：

本案顧客安先生、夫妻原本遺囑規劃：

安太太遺產繼承實際執行情況：

安先生夫妻遺產再轉繼承：

因安先生過世大兒子不再主張申請拋棄繼承了。財務顧問便開始協助：

大兒子積極調閱財產清冊、土地建物謄本，並與債權銀行及民間債權人協商。另一方面表示財產要按照市場價值來協議分割繼承。

最後，三人協議把父母親所有的遺產，按市場的實際價值估價來協議分配。

母親的部分，仍按大兒子拋棄繼承方式，由父親及二位妹妹來繼承。父親遺產的部分，再加上父親由母親再轉繼承的部分。則由三人按遺產委由不動產估價師來估價市值。接著，再按市價方式，依應繼分比例各 1/3 市價，來辦理協議分割繼承及找補。

父母親遺留的股票則出售，再加上遺留的現金去繳交遺產稅。至於未上市及興櫃股票，及下市股票各按持分比例繼承。土地分配及必須按持分分配的部分，均按估價估值來權衡。道路用地及農地看誰要主張歸屬。之後，大兒子隨即找了律師債務協商，敲定了清償的金額與方式。以未來可繼承分配的建地，預先簽約出售借貸，來結清銀行及民間借貸的金額。最後，再就所繼承部分建地，與建地的買方相互找補。

其中繼承的房屋中，台南的透天三樓房屋委由仲介出售，高雄的房屋由於大家不願共同持分房屋，而由一人全部登記下來，再由分配的現金按比例價值扣除。

不動產鑑價結果：（委由不動產估價師做估價報告）

土地座落 / 性質	土地分區	面積 (m²)	權利範圍	估價總值 (元)
台南市甲區 / 土地	住宅區土地	107.86	全部	12,800,000
台南市甲區 / 房屋		197.90	全部	
高雄市甲區 / 土地	第三種住宅區	1,236.00	全部	89,500,000
高雄市乙區 / 土地	住宅區土地	508.00	全部	35,000,000
高雄市乙區 / 土地	住宅區土地	623.00	3,566/10,000	15,000,000
高雄市乙區 / 土地	道路用地（公設）	474.00	1,247/10,000	350,000
高雄市丙區 / 土地	住宅區土地	1,428.00	226/10,000	4,500,000
高雄市丙區 / 房屋		123.51	全部	
高雄市丙區 / 土地	農地	1,644.00	全部	8,000,000
合計				165,150,000

現金結餘：7,200,000 元，股票（上市、興櫃、未上市）：3,300,000 元，辦理後事：2,000,000 元，繳納遺產稅 4,125,000 元，三人達成繼承協議：每人繼承約當 5,000 萬元價值的遺產。

結論

　　因緣際會承辦了此繼承案件，而認識了兄妹三人。一年後；因為農地要合併分割，請我承辦鑑界事宜，我再次重新踏上此片農地上。

　　那是一塊近 500 坪的農地，之前一直荒蕪。二女兒說，我小時候這塊農地就是父親每天都會來的魚塭。我還記得；我們就住在那裡的一間舊房子，每逢颱風來時，魚塭的水就會暴漲，父母親就急急忙忙趕去處理。

　　現在這塊農地，我想把它填平整理起來，計畫蓋一間具有特色的農舍咖啡屋，種上一大片落羽松，前面有可停放多台汽車的停車位，甚至於停放遊覽車。

　　「您好，歡迎光臨！請問小姐先生，您要點些什麼？咖啡或茶？我們這裡的特色餐點有…」。

　　土地依舊存在。它還是土地，只是從以前的魚塭，變成現在一片荒蕪土地。或許；未來這塊土地會人潮聚集。有大片綠地、有人文有美食。但是，原來的主人已不在了。是下一代的子女，承繼了家業。

　　我們一起走在田埂上，我說，死亡前的陪伴，是一種幸福！現代的子女，結婚後，各自落腳他鄉奮鬥。是上天，特地安排妳，在父母親身邊陪伴走最後一程。

　　這塊土地是上天恩賜的福份，珍惜它，往前走，我還等著品嚐妳的美食及咖啡呢！

本篇故事涉及相關法律關係

3. 遺產繼承人

4. 自書遺囑

5. 特留分

6. 協議分割繼承與公同共有繼承

7. 拋棄繼承

8. 農地農用免課遺產稅

9. 遺產稅之計算

10. 延期或分期繳納 - 實物抵繳

【本篇故事涉及相關法條：】

※ 民法第 1138 條（法定繼承人及其順序）

遺產繼承人，除配偶外，依左列順序定之：

一、直系血親卑親屬。二、父母。三、兄弟姊妹。四、祖父母。

※ 民法第 1139 條（第一順序繼承人之決定）

前條所定第一順序之繼承人，以親等近者為先。

※ 民法第 1144 條（配偶之應繼分）配偶有相互繼承遺產之

權，其應繼分，依左列各款定之：

一、與第一千一百三十八條所定第一順序之繼承人同為繼承

時，其應繼分與他繼承人平均。

二、與第一千一百三十八條所定第二順序或第三順序之繼承
人同為繼承時，其應繼分為遺產二分之一。

三、與第一千一百三十八條所定第四順序之繼承人同為繼承
時，其應繼分為遺產三分之二。

四、無第一千一百三十八條所定第一順序至第四順序之繼承
人時，其應繼分為遺產全部。

※ 民法第 1189 條（遺囑方式之種類）

遺囑應依下列方式之一為之：

一、自書遺囑。二、公證遺囑。三、密封遺囑。四、代筆遺囑。
五、口授遺囑。

※ 民法第 1190 條（自書遺囑）

自書遺囑者，應自書遺囑全文，記明年、月、日，並親自簽名；
如有增減、塗改，應註明增減、塗改之處所及字數，另行簽
名。

※ 民法第 1223 條（特留分之比例）

繼承人之特留分，依左列各款之規定：

一、直系血親卑親屬之特留分，為其應繼分二分之一。

二、父母之特留分，為其應繼分二分之一。

三、配偶之特留分，為其應繼分二分之一。

四、兄弟姊妹之特留分，為其應繼分三分之一。

五、祖父母之特留分，為其應繼分三分之一。

※ 民法第 1175 條（拋棄繼承之溯及效力）

繼承之拋棄，溯及於繼承開始時發生效力。

※ 遺產及贈與稅法第 17 條（遺產稅之扣除額）

左列各款，應自遺產總額中扣除，免徵遺產稅：

一、被繼承人遺有配偶者，自遺產總額中扣除四百萬元。

二、繼承人為直系血親卑親屬者，每人得自遺產總額中扣除四十萬元。

其有未滿二十歲者，並得按其年齡距屆滿二十歲之年數，每年加扣四十萬元。但親等近者拋棄繼承由次親等卑親屬繼承者，扣除之數額以拋棄繼承前原得扣除之數額為限。

三、被繼承人遺有父母者，每人得自遺產總額中扣除一百萬元。

四、第一款至第三款所定之人如為身心障礙者保護法第三條規定之重度以上身心障礙者，或精神衛生法第五條第二項規定之病人，每人得再加扣五百萬元。

五、被繼承人遺有受其扶養之兄弟姊妹、祖父母者，每人得自遺產總額中扣除四十萬元；其兄弟姊妹中有未滿二十歲者，

並得按其年齡距屆滿二十歲之年數，每年加扣四十萬元。

六、遺產中作農業使用之農業用地及其地上農作物，由繼承人或受遺贈人承受者，扣除其土地及地上農作物價值之全數。承受人自承受之日起五年內，未將該土地繼續作農業使用且未在有關機關所令期限內恢復作農業使用，或雖在有關機關所令期限內已恢復作農業使用而再有未作農業使用情事者，應追繳應納稅賦。但如因該承受人死亡、該承受土地被徵收或依法變更為非農業用地者，不在此限。

七、被繼承人死亡前六年至九年內，繼承之財產已納遺產稅者，按年遞減扣除百分之八十、百分之六十、百分之四十及百分之二十。

八、被繼承人死亡前，依法應納之各項稅捐、罰鍰及罰金。

九、被繼承人死亡前，未償之債務，具有確實之證明者。

十、被繼承人之喪葬費用，以一百萬元計算。

十一、執行遺囑及管理遺產之直接必要費用。

被繼承人如為經常居住中華民國境外之中華民國國民，或非中華民國國民者，不適用前項第一款至第七款之規定；前項第八款至第十一款規定之扣除，以在中華民國境內發生者為限；繼承人中拋棄繼承權者，不適用前項第一款至第五款規定之扣除。

※ 農業發展條例第 38 條第 1 項

作農業使用之農業用地及其地上農作物，由繼承人或受遺贈人承受者，其土地及地上農作物之價值，免徵遺產稅，並自承受之年起，免徵田賦十年。承受人自承受之日起五年內，未將該土地繼續作農業使用且未在有關機關所令期限內恢復作農業使用，或雖在有關機關所令期限內已恢復作農業使用而再有未作農業使用情事者，應追繳應納稅賦。但如因該承受人死亡、該承受土地被徵收或依法變更為非農業用地者，不在此限。

※ 遺產及贈與稅法第 13 條（稅率）

遺產稅按被繼承人死亡時，依本法規定計算之遺產總額，減除第 17 條、第 17 條之 1 規定之各項扣除額及第 18 條規定之免稅額後之課稅遺產淨額，依下列稅率課徵之：

一、5,000 萬元以下者，課徵百分之 10。

二、超過 5,000 萬元至 1 億元者，課徵 500 萬元，加超過 5,000 萬元部分之百分之 15。

三、超過 1 億元者，課徵 1,250 萬元，加超過 1 億元部分之百分之 20。

※ 遺產及贈與稅法第 30 條第 4 項（延期或分期繳納 - 實物抵繳）

遺產稅或贈與稅應納稅額在三十萬元以上，納稅義務人確有困難，不能一次繳納現金時，得於納稅期限內，就現金不足繳納部分申請以在中華民國境內之課徵標的物或納稅義務人所有易於變價及保管之實物一次抵繳。中華民國境內之課徵標的物屬不易變價或保管，或申請抵繳日之時價較死亡或贈與日之時價為低者，其得抵繳之稅額，以該項財產價值占全部課徵標的物價值比例計算之應納稅額為限。

遺產及贈與稅法第 30 條第 6 項

第四項抵繳財產價值之估定，由財政部定之。

故事
Story
六

預立遺囑及保險，
預留稅源

◎摘要

田太太十分擔心，先生年輕時的荒唐，在外所生的三個孩子，有一日將會回來爭產。而自己與先生一輩子努力的打拼，萬一都流入到二房時怎麼辦？或自己的女兒萬一面臨到二房來爭產時又該如何？每當這些疑慮與恐慌出現在田太太的腦海時，就是他們夫妻爭吵的時刻。

田先生夫妻年輕時就從事電鍍行業，欣逢台灣經濟起飛，他們盤手胝足；同心協力的的創下了屬於他們自己家族的事業，在南部廠房一座接著一座的購置，土地一片接著一片購買，短短一、二十年，他們的企業已經成為享譽海內外的知名大廠了。但也因為工作繁忙，田先生夫妻只生了一位女兒，不過夫妻倆人對女兒視為掌上明珠、疼愛有加。

　　不過田先生年輕時，由於頻繁的在風花雪月的場所應酬交際，在外結識了一名女子。於是；田先生背著太太展開了這段地下情緣，並且生了三名子女。由於夫妻倆人一生相互扶持，共創事業，兩人的關係也從夫妻、轉為事業上的夥伴。因此；這段婚外情，便成為田先生夫妻彼此心照不宣的秘密。

　　時光荏苒，一轉眼夫妻兩人即將邁入七十歲耳順之年。埋藏在田太太心中的不安全感，漸漸不斷的衝擊她的內心。田太太十分擔心，先生年輕時的荒唐，在外所生的三個孩子，有一日將會回來爭產。而自己與先生一輩子努力的打拼，萬一都流入到二房時怎麼辦？或自己的女兒萬一面臨到二房來爭產時又該如何？每當這些疑慮與恐慌出現在田太太的腦海時，就是他們夫妻爭吵的時刻。

　　面對這樣問題，夫妻兩人也不知該如何解決。田先生也只能不斷地安撫田太太，做出絕對不會將資產外流的承諾。就算田太太先走一步，田先生也會放棄財產的繼承權，絕不會做出對不起田太太，以及讓女兒失去財產的舉動。

田先生夫妻兩人曾經詢問過友人，該如何將夫妻名下所有的不動產轉移給女兒，然而由於要繳交龐大的土地增值稅，適巧近期由於景氣不佳公司營收也受到了影響，因此需要週轉金。所以暫時打消了他們轉移不動產給女兒的念頭。於是，田先生為了安撫太太的不安全感，於是將所有的不動產全部轉移給田太太，這樣就可以申請免徵土地增值稅，又可以避免二房爭產。現金的部分，也只能先將名下的現金，每年以新台幣兩百二十萬的方式轉移給女兒。

　　就在辦完不動產移轉後一年的某一日，田先生夫妻從總公司前往工廠巡視時，不幸發生了嚴重的車禍。田太太在車禍中就身故了，田先生被緊急送到醫院急救，也不幸的在若干時間後身故了。

　　突如其來的變故，不僅對公司的營運產生了影響。女兒面對同時失去雙親更是難以承受的打擊。

　　此時；田先生的二房得知情夫的死訊後，某一日帶著律師與三名與田先生所生的孩子，來到公司要求依民法繼承篇，主張請求分配三名子女的應繼份。並且揚言，若不趕緊分錢，並且讓他們得到滿意的金額，就要把公司鬧到雞飛狗跳，讓公司名譽掃地，也要讓田先生的女兒沒有好日子過。

　　從此案例來看，可能有許多讀者有一種似曾相似的感覺。的確，這樣的故事可能是我們時常從新聞的社會版面中時常所見所聞。但故事中的田先生與田太太究竟犯了什麼錯誤？

導致二房可以侵門踏戶，並且威脅到元配子女的權利？甚至嚴重影響到公司營運與發展？

對於以上的問題，我們逐一來解析：

一、田先生放棄對田太太的遺產繼承權問題：

田先生雖然曾經對田太太說：「萬一田太太不幸先走一步，他願意放棄對田太太的遺產繼承權」。但在這裡卻有兩個層面的問題。首先，由於田先生未立遺囑。因此當田先生由於遭逢意外事故時，無法表明自己關於處分財產的意志。因此，自然遺產的繼承就會依照民法的規定，由女兒與二房的三位子女等法定繼承人來平均分配。

其次；在原本田先生夫妻的口頭約定下，成立的條件是田先生先走一步，田太太不必放棄遺產繼承權。若是田太太先走，由田先生主動放棄遺產繼承權，這樣他們的遺產就不會流到二房去了。

然而，他們卻沒有想到，會有意外的來臨導致他們前後離世。而不同的離世時間，也會影響到財產的流向。

身故順序	繼承順位	擁有請求權者
夫先身故	配偶暨直系血親卑親屬	田太太＋女兒二房之三名子女共五人
妻先身故	配偶暨直系血親卑親屬	田先生＋女兒

情境一、田太太比先生早身故的遺產流向：

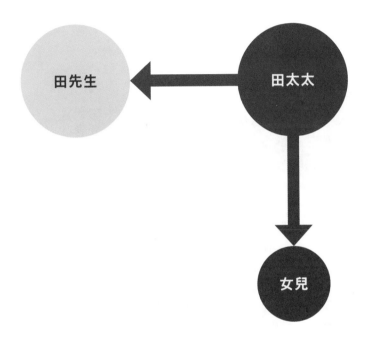

★ 田太太的資產完全留給女兒的承諾；是建立在田太太過世
　後。

★ 田先生需向法院提出拋棄繼承。並由女兒取得全部繼承權
　情境下，方可成立。

情境二、田太太身故後，田先生隨即身故遺產流向：

然而：本案由於妻先身故 ＞ 遺產流向田先生及女兒。田先生後又隨即過世 ＞ 田先生原取得田太太遺產的應繼分 ＞ 流向女兒與二房三名子女。

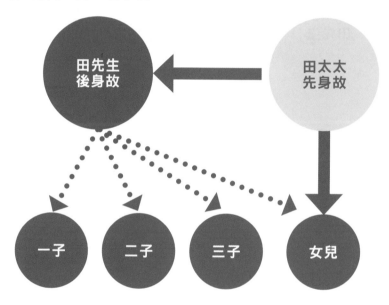

★若依照原本的約定，女兒原可取得田先生夫妻所有的財產。
★但由於田先生在取得田太太的繼承權後立即身故，在沒有任何足以證明田先生遺產流向的證明時，雖然二房與田先生沒有婚姻關係，但三名子女，因有被田先生撫養的事實，在民法的繼承權利並不妨礙。

由上述可知，若田先生要放棄對田太太的遺產請求權，除了在世時要向法院申請拋棄繼承之外。另外；尚可以透過生前訂立遺囑的方式來進行。

　　但請注意，即使田先生將遺產全部指定留給女兒，但仍不能侵害到二房三名子女的特留份權益（為應繼份的二分之一）。訂立遺囑雖然不能讓財產權不保留給女兒，但也總比意外發生時，沒有任何保障女兒的證明文書，以致完全措手不及好的太多了。

　　二、資金移轉該用現金或保險金？

　　田先生夫妻，在資金移轉的方法。是採用每年各自贈與免稅額新台幣二百二十萬元贈與給女兒。由於夫妻之間的贈與，在死亡前兩年內都是免納贈與稅的。因此田先生夫妻可以各自運用本身的贈與額度二百二十萬元分別贈與給女兒。也就是說；女兒每年可獲得四百四十萬元的現金贈與。

　　但這個方法，卻完全不適用在田先生夫妻的資產移轉計畫。怎麼說呢；田先生夫妻在資金資產的部分，倘若超過一億元。即便運用夫妻個別贈與二百二十萬的免稅額度，最快也必須要經過廿二年又七個月。此時；田先生夫妻可能早已不在人世，屆時就會出現資產無法全部轉移成功，而且移轉時間拖得太長。

因此；在現金部位的移轉。我們建議田先生夫妻可以改為購買人壽保險的方式，來作為資產移轉的方式。

	以現金移轉資產	人壽保險移轉資產
所需時間	欲移轉總金額 /220 萬＝所需時間	欲移轉總金額 / 保額＝所需支出保費
節稅效果	①每年 220 萬免稅。 ②沒有移轉完的剩餘資金全部計入遺產總額。	①人壽保險金免計入遺產。 ②要保人、受益人非同一人超過 3330 萬時，需計入基本所得額 -670 萬扣除額 20%。
繼承效果	現金需計入遺產，且依民法繼承篇規定，分配給法定繼承人。	可指定身故受益人，不受應繼份與特留份規範。
優點	女兒可以立刻取得現金運用。	①可由要保人指定在合適的時間讓女兒取得部分或全部資金。 ②女兒可以運用保險金做為未來完稅的資金來源。 ③保單所累積的保單價值完全由要保人支配，可達到生前安排，死後安心的效果。若女兒不孝，還可以取消女兒受益人的身份。
缺點	女兒可能將資金揮霍一空。	①需要逐年繳交保費。 ②女兒需要到特定的時間才能享受資金。
特別注意	①每次移轉完後卅日內，須主動向國稅局申報。並取得贈與完稅或免稅證明。 ②若未取得贈與完稅或免稅證明，被繼承人身故後，繼承人有義務向國稅局說明資金來源。若無法說服國稅局，即使過去贈與時沒有超過額度，但都有可能被要求補稅。	①僅需完成第一次投保即可。 ②無需向國稅局額外提出任何證明。

解決方案

　　財務顧問在面對田先生夫妻的狀況時，會先了解田先生夫妻目前所有的資產狀況。包含夫妻所擁有的公司股權、專利權的價值、名下所有不動產的市值與公告評定現值、所擁有的動產總類；如現金總額、有價證券、私募股權或基金、存託憑證、未上市公司之股權、海外有價證券、擁有的債權等或其他財產權利等。當然，也必須要了解田先生夫妻目前是否有向銀行或私人借貸，以及負債總額等。

　　財務顧問在盤點完夫妻所擁有的資產與負債後。尚需要調查田先生夫妻不動產目前的相關稅賦，如土地增值稅、地價稅與房屋稅等稅賦。同時也需要了解各項不動產過去是否有登記為田先生夫妻的戶籍地址，並且有實際居住的紀錄。

　　當財務顧問取得以上所有的資料後，還需要與田先生夫妻共同探討「財富移轉的目的」與所期望的「效果」。在取得共識後，財務顧問就會開始著手進行財富移轉的規劃。因此；本案的建議如下：

一、預立遺囑

　　田先生夫妻，應事先預立遺囑，表明由誰來繼承財富。萬一發生了上述的事故時，至少遺囑可以代替死去的人說話。但有一點必須要注意，即使田先生立下遺囑將財產全部都給女兒，也不能破除二房三個子女的特留份（應繼份之二分之一）。他們仍可依法請求取得法律所保障範圍之遺產。

　　在遺囑內田先生可以述明，若本人不幸身故後，將名下之資產（詳述項目與種類及金額）指定由配偶與女兒全部繼承。

　　當生前立下遺囑之後，未來在執行遺產申報與財產分配時，遺產申報人或是繼承人就會有依循的方向，同時也可以減少外流到二房的遺產。

田先生生前立下遺囑	・配偶及女兒依應繼分由二人平均分配 35%X2=70%。 ・二房三名子女特留分（每人 10%X3 人＝ 30%）。

田先生生前未立下遺囑	・配偶及女兒及二房三名子女 （依照應繼分由五個人平均分配，每人 20%）

由此可知，若田先生生前立下遺囑，外流到二房的資產只有 30%。但沒有立下遺囑時外流的資產將高達 70%。若田先生有事先預立遺囑，即使二房子女爭取特留份，最多也只能爭取到一部分遺產，由此可見事先預立遺囑的重要性。

★由於田先生夫妻都已經七十多歲了，因此除了要達到移轉的效果外，仍需要符合政府的稅法規範：

移轉項目	作法
	①境內、外資產總額－（負債總額＋遺產稅總額＋申報遺產所需支付費用＋遺產扣抵稅額）＝須預留稅源總額 ②若其中一方身故、另一方尚存則：境內、外資產總額－（負債總額＋遺產稅總額＋申報遺產所需支付費用＋遺產扣抵稅額＋夫妻差額分配請求權）＝須預留稅源總額
現金	①應保留家庭所需六個月的應急基金及其他生活所需預計支付的固定支出。 ②將多餘資金全部作為投保個人人壽保險的資金來源。
有價證券 或 其他動產	①夫妻雙方可各自運用每年二百二十萬免贈與稅額度，贈與給女兒。 ②或將有價證券賣給女兒。 ③或將所持有的有價證券賣出，將所獲得資金作為保險費來源。 ④或將有價證券與其他動產權利，以增資方式轉移給公司。

債務權利	①要求債務人清償，並將清償後的所得依贈與免稅額贈與女兒。 ②將債務權利依贈與免稅額轉移給女兒。 ③將債務權利轉移給第三人。
不動產	①以附有負擔方式將不動產售予女兒，由女兒向銀行申請房屋貸款與繳交貸款。 ②或將不動產出售。 ③或將不動產以增資方式轉移給公司。 ④或直接繼承以居住滿六年以上，且高價值、高土增稅的物件，並有機會享有一生一次與一生一屋的稅率優惠。同時；該物件可向銀行辦理房屋貸款「最高成數」，增加良性負債總額，又可降低遺產稅率。
公司	①將夫妻雙方股權，各自運用每年二百二十萬免贈與稅額度，贈與給女兒。 ②女兒向夫妻購買所持有股權。
保險	計算出未來配偶及女兒所需要繳交的遺產稅總額後，投保足額的人壽保險附加豁免保費條款。除了可以預留遺產稅源外，又可以破除應繼份與特留份的限制。 可以以下兩種方式規劃； ①要保人（夫）＋被保險人（妻）＋受益人（夫、女兒） ②要保人（夫／妻本人）＋被保險人（夫／妻本人）＋受益人（配偶、女兒）

‧每一個移轉方案都必須要事先盤點相關資產與負債等權利，以上建議並不適用於每一個人

總結

　　在台灣經濟起飛年代，有許多家庭如田先生夫妻一樣，一生努力的工作累積財富，然而或許是民族性保守的緣故，許多人忌諱談身後事，以致錯過了寶貴的移轉時間。往往等到想要移轉時，可能已經太晚了，或是身體也有狀況了。

　　但在歐美，生前規劃遺產、贈與等事宜，從來不是忌諱之事。文中的田先生夫妻，若能夠在創富階段就能夠有專家給予正確的規劃方式與建議，相信最後所支出的稅賦成本與移轉資產的成本一定能夠更低，同時也能夠獲得更佳的投資效果。

本篇故事涉及相關法律關係

1. 遺產繼承人

2. 自書遺囑

3. 特留分

4. 保險法

5. 基本所得額條例

【本篇故事涉及相關法條：】

※ 民法第 1138 條（法定繼承人及其順序）

遺產繼承人，除配偶外，依左列順序定之：

一、直系血親卑親屬。二、父母。三、兄弟姊妹。四、祖父母。

※ 民法第 1139 條（第一順序繼承人之決定）

前條所定第一順序之繼承人，以親等近者為先。

※ 民法第 1144 條（配偶之應繼分）

配偶有相互繼承遺產之權，其應繼分，依左列各款定之：

一、與第一千一百三十八條所定第一順序之繼承人同為繼承時，其應繼分與他繼承人平均。

二、與第一千一百三十八條所定第二順序或第三順序之繼承人同為繼承時，其應繼分為遺產二分之一。

三、與第一千一百三十八條所定第四順序之繼承人同為繼承
時，其應繼分為遺產三分之二。

四、無第一千一百三十八條所定第一順序至第四順序之繼承
人時，其應繼分為遺產全部。

※ 民法第 1189 條（遺囑方式之種類）

遺囑應依下列方式之一為之：

一、自書遺囑。二、公證遺囑。三、密封遺囑。四、代筆遺囑。

五、口授遺囑。

※ 民法第 1190 條（自書遺囑）

自書遺囑者，應自書遺囑全文，記明年、月、日，並親自簽名；
如有增減、塗改，應註明增減、塗改之處所及字數，另行簽
名。

※ 民法第 1223 條（特留分之比例）

繼承人之特留分，依左列各款之規定：

一、直系血親卑親屬之特留分，為其應繼分二分之一。

二、父母之特留分，為其應繼分二分之一。

三、配偶之特留分，為其應繼分二分之一。

四、兄弟姊妹之特留分，為其應繼分三分之一。

五、祖父母之特留分，為其應繼分三分之一。

※ 遺產及贈與稅法第 17 條（遺產稅之扣除額）

左列各款，應自遺產總額中扣除，免徵遺產稅：

一、被繼承人遺有配偶者，自遺產總額中扣除四百萬元。

二、繼承人為直系血親卑親屬者，每人得自遺產總額中扣除四十萬元。

其有未滿二十歲者，並得按其年齡距屆滿二十歲之年數，每年加扣四十萬元。但親等近者拋棄繼承由次親等卑親屬繼承者，扣除之數額以拋棄繼承前原得扣除之數額為限。

三、被繼承人遺有父母者，每人得自遺產總額中扣除一百萬元。

四、第一款至第三款所定之人如為身心障礙者保護法第三條規定之重度以上身心障礙者，或精神衛生法第五條第二項規定之病人，每人得再加扣五百萬元。

五、被繼承人遺有受其扶養之兄弟姊妹、祖父母者，每人得自遺產總額中扣除四十萬元；其兄弟姊妹中有未滿二十歲者，並得按其年齡距屆滿二十歲之年數，每年加扣四十萬元。

六、遺產中作農業使用之農業用地及其地上農作物，由繼承人或受遺贈人承受者，扣除其土地及地上農作物價值之全數。承受人自承受之日起五年內，未將該土地繼續作農業使用且未在有關機關所令期限內恢復作農業使用，或雖在有關機關所令期限內已恢復作農業使用而再有未作農業使用情事者，

應追繳應納稅賦。但如因該承受人死亡、該承受土地被徵收或依法變更為非農業用地者,不在此限。

七、被繼承人死亡前六年至九年內,繼承之財產已納遺產稅者,按年遞減扣除百分之八十、百分之六十、百分之四十及百分之二十。

八、被繼承人死亡前,依法應納之各項稅捐、罰鍰及罰金。

九、被繼承人死亡前,未償之債務,具有確實之證明者。

十、被繼承人之喪葬費用,以一百萬元計算。

十一、執行遺囑及管理遺產之直接必要費用。

被繼承人如為經常居住中華民國境外之中華民國國民,或非中華民國國民者,不適用前項第一款至第七款之規定;前項第八款至第十一款規定之扣除,以在中華民國境內發生者為限;繼承人中拋棄繼承權者,不適用前項第一款至第五款規定之扣除。

※ 保險法第 112 條(保險金免計入遺產)

保險金額約定於被保險人死亡時給付於其所指定之受益人者,其金額不得作為被保險人之遺產。

※ 基本所得額條例第 12 條

(一)綜合所得淨額(即一般結算申報書中稅額計算式之 AE 或 AJ ＋ AL 金額)。

（二）海外所得：指未計入綜合所得總額之非中華民國來源所得及香港澳門地區來源所得，一申報戶全年合計數未達 100 萬元者，免予計入；在 100 萬元以上者，應全數計入。

（三）特定保險給付：受益人與要保人非屬同一人之人壽保險及年金保險給付，但死亡給付每一申報戶全年合計數在 3,330 萬元以下部分免予計入。

（四）私募證券投資信託基金受益憑證之交易所得。

（五）申報綜合所得稅時減除之非現金捐贈金額。

（六）綜合所得稅結算申報時，選擇分開計稅之股利及盈餘合計金額。

故事
Story
七

生命末期時
如何安排資產傳承

◎摘要

隨著都市快速的發展，丘先生位於鳳山地區許多的農地，也紛紛被變更成為住宅用地，而丘先生的數筆農地中，部分更因為政府的建設為快速道路被徵收。雖然丘先生夫妻仍然繼續耕作，但說他們是隨著經濟起飛而獲利的暴發戶，也不為過。

丘先生夫妻出生在農家，長大後同樣以務農為業，隨著早期農家的觀念，丘先生陸續生了六名子女。爾後，這六名子女也紛紛生兒育女、成家立業。丘先生一家和樂融融，好不快樂。

或許是天公疼憨人，亦或是丘先生慧眼獨具，靠著分得的家產，再加上華人濃厚的置產觀念。數十年前，在當時鳳山地區購買了許多農地，除了自己耕種，也在農地上蓋起了三合院，供全家居住。

數十年後，隨著都市快速的發展，丘先生位於鳳山地區許多的農地，也紛紛被變更成為住宅用地，而丘先生的數筆農地中，部分更因為政府的建設為快速道路被徵收。雖然丘先生夫妻仍然繼續耕作，但說他們是隨著經濟起飛而獲利的暴發戶，也不為過。

就當丘先生夫妻準備頤養天年時，丘先生卻常感到身體隱隱不適。最後在家人的勸說與勉強下，丘先生才走入醫院做了一次精密的檢查。

多日後，醫院來電通知，請丘先生儘速前往醫院。收到這樣的通知，丘先生與子女們，心中也有些想法了。果不其然，醫生將檢查結果，告訴丘先生與子女們；丘先生不幸罹患癌症末期，且因為年紀太大不適合做手術治療，也就是說，丘先生時日已經不多了。

這突如其來的晴天霹靂，讓丘先生一時不能自己。多日

後，丘先生開始思考，如何把資產傳給下一代。而且；「只傳子、不傳女」。

丘先生整理了一下他所擁有的財產後，計有一筆兩千七百萬仍在耕作的農地。還有位於高雄精華區六筆，價值一億五千多萬的住宅用地。以及一間正出租給知名便利商店，價值九百多萬的房屋。加上個人名下一千多萬的定存，丘先生名下的資產，財產價值共一億五千八百多萬元。

面對這些過去不曾正視的龐大財產，丘先生四處打聽，他未來可能產生多少的遺產稅金。熱心的朋友告訴他，丘先生所擁有的這些資產，將來繼承人可能要繳交高達兩千萬以上的遺產稅。

「這麼多稅金？錢從拿裡來？他的孩子也沒有這麼多錢呀？稅要怎麼繳」？又有熱心的朋友告訴他；沒錢繳？拿財產去抵給政府呀（實物抵繳）！

「怎麼行？你知道政府是用公告現值來計算你的財產，而不是用市價來計算，你知道嗎」？另一位熱心朋友這麼對丘先生說。

這麼多混亂的資訊，再加上這段時間奔波於醫院間，丘先生實在是心力交瘁呀。於是，丘先生決定把名下的三合院與所擁有的土地，二分之一財產全部轉登記給丘太太。此外，還專程前往辦理「公證遺囑」，以便交代他的身後事，與財產規劃。

如醫生所料，丘先生的身體愈來愈不堪，最後終於住進了醫院，進行末期的治療與照顧。然而，丘先生心中卻隱藏著一個未盡之願，就是丘先生年輕時，原來在外有一紅粉知己，並且為丘先生生下一子。

因為渴望彌補對這位知己與孩子，於是某日丘先生在病榻前，對前來探望的小兒子說：「當我走時，請你幫我從銀行領五百萬出來，交給她們。遺囑也已經規劃好一部分的土地要給她們」。這是丘先生渴望最後照顧她們母子的最後遺願。

小兒子雖然心有不甘，但還是勉為其難地同意了。另一方面，小兒子覺得老爸爸可能真的撐不久了。「有必要準備先領出一點來供作醫療和喪葬準備之用」？小兒子心中思量著。

小兒子於是陸續多次提領丘先生在銀行的存款，當然也包括要致贈給爸爸紅粉知己的五百萬元。

不久後，丘先生辭世了。丘太太在辦完後事後的某日，將所有子女招聚到家中，親口告訴他們丘先生的遺囑內容與土地等財產，只能「傳子不傳女」的規劃。丘先生的二名女兒，同意遺囑中爸爸留給他們每人兩百五十萬元現金，但必須要拋棄對土地等財產繼承的權利。然而三女兒卻婉拒爸爸的安排，認為她有應得權利，以致整個繼承的辦理進度暫且卡住。

沒想到，一個繼承辦理卡住之後，丘太太的資金流也受到影響，以致無法動用足夠的資金完稅。於是，丘太太只好跟大女兒與二女兒商量，要暫緩將兩百五十萬給她們，一切等到完稅，及銀行帳戶被解凍後再提領出來給她們。

　　但，原本沒有什麼意見的兩名女婿，在得知三女兒不同意拋棄繼承，且又拿不到現金時，紛紛表示不可以放棄爭取應得財產的權利。然而，兩個女兒畢竟明理，也不想讓老媽媽在為此事操心，仍然向法院提出拋棄繼承申請。但這個舉動，卻也造成了她們與先生們不小的衝突。

　　相信，在台灣有許多的家庭可能有類似的狀況，正陸續的發生中。本案中的丘先生一生殷勤辛勞，單純的農家人，怎麼會想到有一天，因為社會的進步。一夕之間成為大財主呢？更怎麼會想到，子女甚至女婿們都介入了他的財產分配糾紛？除此之外，究竟丘先生犯了什麼錯呢？

　　在丘先生的公證遺囑中，大兒子可以分配到價值兩千七百萬的農地。而其餘價值一億五千萬元的六筆土地，由另外兩名兒子以及婚外情的兒子共同繼承六分之一。最後一筆九百多萬，出租給便利商店的房屋，由丘太太繼承。但三名女兒，除了每人兩百五十萬元之外，沒有獲得其他的財產。三女兒甚至為此，提出「公證遺囑無效之訴」、「侵害特留分」之訴。

　　此外，丘先生的小兒子，前往國稅局申報遺產時。發現

爸爸生前轉移給媽媽的房屋與土地，以及他在爸爸過世前所陸續動用的現金，都必續要納入遺產總額之中，也就是這些財產都要繳稅！經國稅局核算，遺產稅總共要交一千五百多萬元。而且這些錢，必須要在六個月內完成申報。

一時拿不出這麼多錢的小兒子，趕緊找了熱心的朋友幫忙出主意。朋友建議，向國稅局提出「農業用地免計入遺產稅」以及丘太太行使「夫妻剩餘財產差額分配請求權」，這麼一來，可以少繳五百多萬元的稅金。

然而一切並非小兒子所想的那麼美好；此時又陸續發生了一些新的狀況，導致繼承無法辦理：

1	死亡前二年之贈與與夫妻剩餘財產差額分配請求權相競合。
2	公證遺囑分配內容與夫妻剩餘財產差額分配請求權主張內容競合。
3	國稅局認為，死前大量提領現金部分，應納入遺產總額並補稅。
4	國稅局認為，夫妻剩餘財產差額分配請求權不合要件，需補正。
5	二兒子生意失敗在外積欠龐大債務，深怕被債權人查封，遲遲不願繼承。
6	公同共有繼承及公證遺囑的分配，與申請夫妻剩餘財產差額分配請求權有分配上之衝突。

這些問題，相信都是丘先生在規劃時所料想不到的。然而，更遺憾的是這個家族經過了一連串的事件，他們彼此也失去了相互的信任。家人也不再有家人的親情了。

甚至，連丘太太都會懷疑，大女兒與二女兒常常回家探望老母親，是因為擔心無法拿到她們的兩百五十萬。直到有一天，二女兒因為與老母親的一場小誤會徹底鬧翻了。二女兒表示從此再也不踏入娘家一步，而老媽媽更覺得深受委屈，也氣二女兒為何不能原諒她。這個家族就在爭產與低迷的氣氛之下，某日老媽媽一時不慎從二樓樓梯摔落，導致左腳粉碎性骨折，必須要入院治療。然而，此時卻看不到還有哪一位子女願意挺身照顧媽媽，只剩外勞孤單的照顧著老媽媽。

此外，本案值得探討的如下：

一、丘太太已有 85 歲，此次如果採取主張申請夫妻剩餘財產差額分配請求權，將可分配到近 7,000 多萬不動產財產，雖然此次主張申請夫妻剩餘財產差額分配請求權可以節省約 500 多萬遺產稅，但丘先生遺產仍要繳交近 1,000 多萬遺產稅。而請求權分配下來後加上丘太太自己的財產也接近 8,000 多萬，因年事已高、餘命有限。若不及早資產規劃安排，仍將再面臨高額遺產稅的風險，初估約要繳交 500 萬

遺產稅。

二、丘先生夫妻財產將被國稅局連續剝二層皮。

三、倘若有一天丘老太太死亡，二兒子的債務協商不成，萬一過了拋棄繼承三個月時效，又因協議分割繼承亦宣告破裂，而必須依公同共有方式繼承。債權銀行及民間債權人勢必會申請查封拍賣，繼承人若無法以相同條件，以現金行使優先購買權情況下，勢必有外人介入。此外，將來得標人如果訴諸法院行使拍賣共有物變價分割，那麼丘先生留下來的財產可能將面臨更大的風暴，其一生奮鬥努力的成果，極有可能發展到丘先生所無法想像的地步，並完全推翻了其公證遺囑的規劃與安排。

因此，財務顧問師會從以下的方式協助顧客，於「生前」會提出完善的規劃，如下：

1. **盤點資產：**

帶本人身分證及印章親至全國任一國稅局全功能櫃檯，均可申調本人財產清冊及綜合所得稅繳稅清單。

2. **預留稅源：**

死亡前二年贈與需併入遺產總額課稅，因此必須非常

謹慎，最好是購買保險來預留稅源。萬一老年、重病、臨終已無法投保，至少應先把要繳交遺產稅的錢留下來。

3. 壓縮資產：

把多餘的現金轉為不動產，把建地轉為農地或公共設施保留地，以壓縮課稅資產，降低課徵遺產稅財產金額。

4. 創造負債：

如果有正常銀行貸款，是可以從遺產總額中扣除的。但舉證負債，必須留下完整的文件證明及資金流程。

5. 預立遺囑：

在不違反特留分的情況下，可基於遺願或特殊需求，考量公平性、和諧性、傳承性來審慎規劃並做公證。

6. 直接繼承：

上述若均已考量不可性，仍可選擇直接繼承。千萬避免以錯誤的方式來脫產，可能造成後面繼承時，難以收拾的困境。

7. 差額分配：

主張夫妻剩餘財產差額分配請求權：配偶其中一人死
亡後，另一名配偶可提出主張夫妻剩餘財產差額分配
請求權，以降低課稅財產。

8. 協議繼承：

按被繼承人的遺願或繼承人之協議來分配繼承。涉及
財產的分配，較佳的處理方式就是協議分割繼承，凡
事以和為貴。

本篇故事涉及相關法律關係

1. 遺產繼承人

2. 遺產稅之計算

3. 延期或分期繳納 - 實物抵繳

4. 配偶相互贈與

5. 公證遺囑

6. 拋棄繼承

7. 死亡前二年之贈與

8. 特留分

9. 農地農用免課遺產稅

10. 夫妻剩餘財產差額分配請求權

11. 協議分割繼承與公同共有繼承

【本篇故事涉及相關法條：】

※ 民法第 1138 條（法定繼承人及其順序）

遺產繼承人，除配偶外，依左列順序定之：

一、直系血親卑親屬。二、父母。三、兄弟姊妹。四、祖父母。

※ 民法第 1139 條（第一順序繼承人之決定）

前條所定第一順序之繼承人，以親等近者為先。

※ 民法第 1144 條（配偶之應繼分）

配偶有相互繼承遺產之權，其應繼分，依左列各款定之：

一、與第一千一百三十八條所定第一順序之繼承人同為繼承時，其應繼分與他繼承人平均。

二、與第一千一百三十八條所定第二順序或第三順序之繼承人同為繼承時，其應繼分為遺產二分之一。

三、與第一千一百三十八條所定第四順序之繼承人同為繼承時，其應繼分為遺產三分之二。

四、無第一千一百三十八條所定第一順序至第四順序之繼承人時，其應繼分為遺產全部。

※ 遺產及贈與稅法第 13 條（稅率）

遺產稅按被繼承人死亡時，依本法規定計算之遺產總額，減除第 17 條、第 17 條之 1 規定之各項扣除額及第 18 條規定之免稅額後之課稅遺產淨額，依下列稅率課徵之：

一、5,000 萬元以下者，課徵百分之 10。

二、超過 5,000 萬元至 1 億元者，課徵 500 萬元，加超過 5,000 萬元部分之百分之 15。

三、超過 1 億元者，課徵 1,250 萬元，加超過 1 億元部分之百分之 20。

※ 遺產及贈與稅法第 30 條第 4 項（延期或分期繳納 / 實物抵繳）

遺產稅或贈與稅應納稅額在三十萬元以上，納稅義務人確有困難，不能一次繳納現金時，得於納稅期限內，就現金不足繳納部分申請以在中華民國境內之課徵標的物或納稅義務人所有易於變價及保管之實物一次抵繳。中華民國境內之課徵標的物屬不易變價或保管，或申請抵繳日之時價較死亡或贈與日之時價為低者，其得抵繳之稅額，以該項財產價值占全部課徵標的物價值比例計算之應納稅額為限。第四項抵繳財產價值之估定，由財政部定之。

※ 土地稅法第 28-2 條第 1 項

（配偶相互贈與之土地，得申請不課徵土地增值稅）

配偶相互贈與之土地，得申請不課徵土地增值稅。但於再移轉第三人時，以該土地第一次贈與前之原規定地價或前次移轉現值為原地價，計算漲價總數額，課徵土地增值稅。

※ 民法第 1189 條（遺囑方式之種類）

遺囑應依下列方式之一為之：

一、自書遺囑。二、公證遺囑。三、密封遺囑。四、代筆遺囑。五、口授遺囑。

※ 民法第 1175 條（拋棄繼承之溯及效力）

繼承之拋棄，溯及於繼承開始時發生效力。

※ 遺產及贈與稅法第 15 條（視為遺產之贈與）

被繼承人死亡前二年內贈與下列個人之財產，應於被繼承人死亡時，視為被繼承人之遺產，併入其遺產總額，依本法規定徵稅：

一、被繼承人之配偶。

二、被繼承人依民法第 1138 條及第 1140 條規定之各順序繼承人。

三、前款各順序繼承人之配偶。

※ 民法第 1223 條（特留分之比例）

繼承人之特留分，依左列各款之規定：

一、直系血親卑親屬之特留分，為其應繼分二分之一。

二、父母之特留分，為其應繼分二分之一。

三、配偶之特留分，為其應繼分二分之一。

四、兄弟姊妹之特留分，為其應繼分三分之一。

五、祖父母之特留分，為其應繼分三分之一。

※ 遺產及贈與稅法第 17 條（遺產稅之扣除額）

左列各款，應自遺產總額中扣除，免徵遺產稅：

一、被繼承人遺有配偶者，自遺產總額中扣除四百萬元。

二、繼承人為直系血親卑親屬者，每人得自遺產總額中扣除四十萬元。

其有未滿二十歲者，並得按其年齡距屆滿二十歲之年數，每年加扣四十萬元。但親等近者拋棄繼承由次親等卑親屬繼承者，扣除之數額以拋棄繼承前原得扣除之數額為限

三、被繼承人遺有父母者，每人得自遺產總額中扣除一百萬元。

四、第一款至第三款所定之人如為身心障礙者保護法第三條規定之重度以上身心障礙者，或精神衛生法第五條第二項規定之病人，每人得再加扣五百萬元。

五、被繼承人遺有受其扶養之兄弟姊妹、祖父母者，每人得自遺產總額中扣除四十萬元；其兄弟姊妹中有未滿二十歲者，並得按其年齡距屆滿二十歲之年數，每年加扣四十萬元。

六、遺產中作農業使用之農業用地及其地上農作物，由繼承人或受遺贈人承受者，扣除其土地及地上農作物價值之全數。承受人自承受之日起五年內，未將該土地繼續作農業使用且未在有關機關所令期限內恢復作農業使用，或雖在有關機關所令期限內已恢復作農業使用而再有未作農業使用情事者，應追繳應納稅賦。但如因該承受人死亡、該承受土地被徵收或依法變更為非農業用地者，不在此限。

七、被繼承人死亡前六年至九年內，繼承之財產已納遺產稅

者，按年遞減扣除百分之八十、百分之六十、百分之四十及百分之二十。

八、被繼承人死亡前，依法應納之各項稅捐、罰鍰及罰金。

九、被繼承人死亡前，未償之債務，具有確實之證明者。

十、被繼承人之喪葬費用，以一百萬元計算。

十一、執行遺囑及管理遺產之直接必要費用。

被繼承人如為經常居住中華民國境外之中華民國國民，或非中華民國國民者，不適用前項第一款至第七款之規定；前項第八款至第十一款規定之扣除，以在中華民國境內發生者為限；繼承人中拋棄繼承權者，不適用前項第一款至第五款規定之扣除。

※ 農業發展條例第 38 條第 1 項

作農業使用之農業用地及其地上農作物，由繼承人或受遺贈人承受者，其土地及地上農作物之價值，免徵遺產稅，並自承受之年起，免徵田賦十年。承受人自承受之日起五年內，未將該土地繼續作農業使用且未在有關機關所令期限內恢復作農業使用，或雖在有關機關所令期限內已恢復作農業使用而再有未作農業使用情事者，應追繳應納稅賦。但如因該承受人死亡該承受土地被徵收或依法變更為非農業用地者，不在此限。

※ 民法第 1030-1 條（夫妻剩餘財產差額分配請求權）

法定財產制關係消滅時，夫或妻現存之婚後財產，扣除婚姻關係存續所負債務後，如有剩餘，

其雙方剩餘財產之差額，應平均分配。但下列財產不在此限：

一、因繼承或其他無償取得之財產。

二、慰撫金。

依前項規定，平均分配顯失公平者，法院得調整或免除其分配額。

第一項請求權，不得讓與或繼承。但已依契約承諾，或已起訴者，不在此限。

第一項剩餘財產差額之分配請求權，自請求權人知有剩餘財產之差額時起，二年間不行使而消滅。自法定財產制關係消滅時起，逾五年者，亦同。

故事
Story
八

協議分割繼承與公證離婚

◎摘要

從稅務的角度：應該是「先贈與後離婚」。當雙方具有夫妻關係時，是免申報贈與稅的。同時，還可以申請暫不課徵土地增值稅。過戶房屋，只需要繳交契稅與印花稅即可。更何況，這間房屋是麥先生繼承而來的，這間房屋公告土地現值也已經墊高了。若以麥先生的家庭狀況，「先贈與後離婚」所帶來的節稅效果，會是較好的選擇。但這卻不是一個那麼簡單的選擇而已。

一鞠躬，再鞠躬，三鞠躬，家屬答禮！

　　麥先生難得與所有的兄弟姊妹見面，但諷刺的是。多年後的重逢，竟然是在殯儀館。

　　麥先生家中排行第三，上有兩位姊姊，下有一位弟弟。大姊是國內知名上市生技公司的財務主管。二姊遠嫁至美國舊金山，目前也具有美國國籍。而小弟，曾經是最讓父母擔心的怪咖。從小就喜歡幻想，常常天馬行空的創意、不學無術，又喜歡整朋友同學。真是讓爸爸、媽媽擔心又煩惱。

　　小弟高中畢業後，工作一直都不順利。退伍後藉著探望二姊的機會，遠赴美國之後，就消失無蹤，滯留不歸！真的讓爸媽煩惱到不行。

　　但！沒有想到這位小弟，後來在美國洛杉磯發展貿易行業，竟然一砲而紅。生意做得紅紅火火的，當然也歸化並取得了美國國籍。

　　就在今年，由於老父親年事已高，久病纏身而不幸辭世了！

　　遠在美國的二姊、小弟得知父親辭世的噩耗後，全家立刻訂了機票返臺奔喪。其實，這幾年在海外頗有成就的二姊與小弟，本來只要有機會，就會返台探望與陪伴父母。就算，人在海外，也總是會全家透過社群軟體的視訊，與兩老聊聊天。甚至，兩老還會俏皮地在鏡頭前，對遠在美國卻不太會說中文的孫子們飛吻呢！

這個畫面，羨煞了兩老的老友們。畢竟，出洋後的孩子與孫子，總是有許多的藉口，沒時間去關心留在台灣的父母。但麥先生一家和樂融融，而且不因為距離而阻絕了親情，實在是令人稱羨呀。

　　只是，人生難免悲歡離合。爸爸的辭世，對子女們並不意外，因為他們從視訊中，看到地球另一方的老父親日漸消瘦，只是沒有想到這一天，竟然來得那麼快。

　　就在麥先生父親的後事都圓滿之後。麥先生與姊弟們，以及老母終於有時間可以坐下來，談談如何處理爸爸的遺產。由於這幾年，媽媽都是由在台灣的大姐在照顧。對於無法盡孝的其他幾位姊弟而言，他們對大姐是充滿了感激與佩服。因此，他們決定採用「協議分割」的方式來繼承。

　　基於這樣的想法，麥先生與二姐及弟弟們決定，他們不繼承任何的財產。爸爸留下來的不動產與股票，全部由大姐來繼承。爸爸銀行剩下來現金大約五百萬多左右，就全部交由媽媽來繼承。這些錢，作為未來照顧媽媽的醫療與看護費用來源之外，也用來支付父親的後事。這樣的協議繼承，真的是相當的圓滿與和樂。由此可以看出，麥先生的父母親們，給予了孩子們很好的教養。然而「協議分割繼承」是一件需要專業與經驗的工作，因此，家屬們找上了財務顧問團隊，協助他們辦理後續的繼承事宜。

　　所有的身後事，都在非常和樂與包容的狀態下進行著。

然而，當要開始實際進行協議分割繼承的程序時，出現了問題，卡住了整個程序。原來，二姐長年住在美國，每次回台灣時，都是以美國護照入境。而二姐的中華民國身份證明文件，早經過幾次的搬家，以及長達廿、卅年沒有使用，竟然完全找不著了。由於沒有中華民國護照以及任何身份證明文件，二姐無法申請印鑑證明。所以無法辦理「協議分割繼承」。

為此，二姐只好專程再飛回美國，前往當地的經濟文化辦事處，重新申請中華民國護照與身分證文件。不僅如此，在申辦中還有插曲，由於早期戶政作業人工化，二姐竟然有兩組身分證號碼，幾經波折之下，好不容易將文件與護照申請了下來，順利辦妥印鑑證明。

當財務顧問接到委託之後，便著手開始去清查麥先生父親的遺產。經查：

①高雄市土地一筆，價值 386 萬元（公告現值）。

②台南市房屋一筆，價值 38 萬元（公告現值）。

③台南市土地一筆，價值 103 萬元（公告現值）。

④股票（含未上市）一批，價值約 200 萬元。

⑤現金約 500 萬元。

總資產共約，1227 萬元。

由於在財務顧問的協助下，很順利的完成了麥先生父親的繼承，家屬們也都非常的滿意。

　　然而；就在半年後。麥先生的媽媽也相繼辭世了。由於有了上次繼承的經驗，孩子們決定，依樣採用「協議分割繼承」的方式，並將媽媽留下的遺產，全部由麥先生來繼承。財務顧問再次接到委託之後，著手開始向國稅局申請財產的清冊，名下的財產：

　　①高雄市土地一筆，價值 297 萬元（公告現值）。

　　②高雄市房屋一棟，價值 9 萬元（評定現值）。

　　③現金約 300 萬元。

　　　總資產共 606 萬元。

　　遺留下的房屋雖是登記在媽媽的名下，但實際的居住者是麥先生。更嚴謹的說，是麥先生的太太。因為麥先生長期在中部工作，卻很少回家。由於兩人個性不合以及其它的因素，兩人早已討論過離婚多年。

　　如今，媽媽辭世了。麥先生離婚的協議也就正式浮上檯面了。由於雙方協議若離婚，房屋要歸太太，未來兩人的女兒可以再繼承這間的房屋。過去遲遲沒有辦法處理，是因為長輩健在，且房屋又是登記在媽媽名下，所以無法進行。然而，媽媽留下的房屋，將由麥先生來繼承。因此；麥先生必

須要照協議將房屋歸給麥太太。

麥先生的手足，知道他面對這樣為難的處境，因此也都支持讓麥先生繼承媽媽的遺產，包含這棟房屋。

然而，這又牽扯到複雜的稅務與法律層面的問題了！於是，麥先生求助於財務顧問，希望能夠得到圓滿的解決方案。究竟是什麼樣的稅務與法律問題困擾著雙方呢？

倘若從稅務的角度：應該是「先贈與後離婚」。當雙方具有夫妻關係時，是免申報贈與稅的。同時，還可以申請暫不課徵土地增值稅。過戶房屋，只需要繳交契稅與印花稅即可。更何況，這間房屋是麥先生繼承而來的，這間房屋土地公告現值也已經墊高了。若以麥先生的家庭狀況，「先贈與後離婚」所帶來的節稅效果，會是較好的選擇。但這卻不是一個那麼簡單的選擇而已。

經過財務顧問的引導，雙方才娓娓道來彼此心中的顧忌：

先贈與後離婚	免贈與稅、土增稅可暫不課徵、只需繳交契稅與印花稅。
先離婚後贈與	須繳贈與稅、土增稅需繳交、需繳交契稅與印花稅。有人性的風險。

原來，麥先生擔心，若是將這間從媽媽繼承而來的房屋，贈與給太太之後。萬一她堅持不離婚怎麼辦？又或者，萬一離婚後，太太改嫁了。房屋的產權會不會外流？兩人的女兒繼承權是否獲得保障？

　　先贈與後離婚免贈與稅、土增稅可暫不課徵、只需繳交契稅與印花稅。

　　先離婚後贈與須繳贈與稅、土增稅需繳交、需繳交契稅與印花稅。有人性的風險。

　　於是麥先生提出「先離婚後贈與」。此次，則是麥太太堅持反對！萬一離婚後，麥先生沒有履行承諾，她豈不是完全沒有任何保障？

　　面對兩夫妻的矛盾與糾結，只能說是家家有本難念的經呀。然而，為了顧全彼此的需求，又能滿足雙方的安全感、同時確保女兒能夠獲得繼承權。財務顧問給予雙方一個解決方案，以「公證離婚協議」＋「公證遺囑」來確保麥先生擔心，贈與房屋給太太後，她堅持不離婚。以及確保離婚後，房屋能夠繼承給女兒等問題。

　　至於產權移轉後，麥太太是否另組家庭生子？這都不是現在可以預測的。財務顧問只能在協助雙方的過程中，盡全力給予客觀與中立的建議，並為雙方當事人追求最佳的利益。

★以「公證離婚協議書」方式，來表彰雙方意思，且具有法律效力：

> 離婚人陳述如後附離婚協議書之內容，雙方對於各項條件，均已明瞭，並願確實履行，為期獲得法律上之保障，以免訟爭，請求予以公證，其餘條件詳如後附之離婚協議書。

一、公證人核對到場人提出之身分證明文件，尚無不符，並見雙方均為自由意志之意思表示，爰依公證法第二條第一項之規定，予以公證。

二、公證人依公證法第七十一條之規定向請求人說明協議離婚之法律上效果並告知須持本公證書至戶政事務所辦理離婚登記後始生離婚之效力，請求人均表示瞭解。

三、公證人依公證法第七十一條之規定闡明協議書之法律意義與效果，並告知請求人，經公證後之贈與協議除有法定撤銷事由，將不得撤銷贈與，請求人雙方表示瞭解，並稱後附協議書內容與其真意相符。

四、公證人闡明權行使之情形與請求人所為表示；公證人向請求人表示：「離婚應由二位證人協同諸位在場簽名見證，故煩請二位另外尋找二位證人一同前來辦理離婚公證。」

當財務顧問陪同麥先生雙方來到公證人辦事處時，經由公證人的說明之後。麥先生的太太眼淚潸然落下，抬起頭看著麥先生幽幽的說：「難道，我們真的要離婚嗎？」

　　麥先生回答：未來我會定時的匯生活費給妳，如果生活有遇到什麼困難，妳可以請女兒轉達。大家都是一家人，就彼此祝福吧！

　　於是，在公證人辦事處，連同「離婚協議書」、「公證遺囑」就一併簽訂，再至戶政事務所辦理離婚登記。完成了彼此多年來的糾葛，也圓滿了整個資產傳承的事件。

本篇故事涉及相關法律關係

1. 遺產繼承人

2. 雙重國籍

3. 協議分割繼承

4. 印鑑證明

5. 配偶相互贈與

6. 公證離婚

7. 公證遺囑

【本篇故事涉及相關法條：】

※ 民法第 1138 條（法定繼承人及其順序）

遺產繼承人，除配偶外，依左列順序定之：

一、直系血親卑親屬。二、父母。三、兄弟姊妹。四、祖父母。

※ 民法第 1139 條（第一順序繼承人之決定）

前條所定第一順序之繼承人，以親等近者為先。

※ 民法第 1144 條（配偶之應繼分）

配偶有相互繼承遺產之權，其應繼分，依左列各款定之：

一、與第 1138 條所定第一順序之繼承人同為繼承時，其應繼分與他繼承人平均。

二、與第 1138 條所定第二順序或第三順序之繼承人同為繼承時，其應繼分為遺產二分之一。

三、與第 1138 條所定第四順序之繼承人同為繼承時，其應繼分為遺產三分之二。

四、無第 1138 條所定第一順序至第四順序之繼承人時，其應繼分為遺產全部。

※ 印鑑登記辦法第 5 條

申請印鑑登記應由當事人填具印鑑登記申請書（格式三）及印鑑條（格式四）各一份親自辦理。但有下列各款情事之一者，得依各該款規定辦理：

一、僑居國外人民得出具委任書（格式五）經中華民國駐外使領館、代表處、辦事處或其他外交部授權機構（以下簡稱駐外館處）證明後，委任他人辦理或經由駐外館處核轉其印鑑登記機關辦理。但僑居地無駐外館處者，得由僑務委員會認可之機構或個人證明後，報請僑務委員會核轉該管直轄市、縣（市）政府轉發其印鑑登記機關辦理。

※ 印鑑登記辦法第 8 條

僑居國外人民依第四條第二項規定，親自申請印鑑證明者應填具申請書（格式十），檢附下列任何一款證件之原本及影本各一份（影本存僑務委員會備查，原本驗後發還）申請辦理。

一、臺灣地區入境證副本並繳驗有效期間之居留地重入境證。

二、天、地、人字等加簽之護照（逾期者無效），並繳驗僑居證件。

三、居留地政府所發之身分證或居留證（港澳地區應居住五年以上）及居留地重入境證。

四、駐外館處或僑務委員會認可之機構或個人所出具之證明書（有效期間以一年為限）。

五、僑生身分證件。

六、雙重國籍華僑居留國內之證明文件。

※ 土地稅法第 28-2 條第 1 項

（配偶相互贈與之土地，得申請不課徵土地增值稅）

配偶相互贈與之土地，得申請不課徵土地增值稅。但於再移轉第三人時，以該土地第一次贈與前之原規定地價或前次移轉現值為原地價，計算漲價總數額，課徵土地增值稅。

※ 民法第 1049 條（兩願離婚）

夫妻兩願離婚者，得自行離婚。但未成年人，應得法定代理人之同意。

※ 第 1050 條（兩願離婚之方式）

兩願離婚，應以書面為之，有二人以上證人之簽名並應向戶

政機關為離婚之登記。

※ 公證法第 1 條（主管機關）

公證事務，由法院或民間之公證人辦理之。

地方法院及其分院應設公證處；必要時，並得於管轄區域內適當處所設公證分處。

民間之公證人應於所屬之地方法院或其分院管轄區域內，司法院指定之地設事務所。

※ 公證法第 2 條（公證事項 - 法律行為）

公證人因當事人或其他關係人之請求，就法律行為及其他關於私權之事實，有作成公證書或對於私文書予以認證之權限。

公證人對於下列文書，亦得因當事人或其他關係人之請求予以認證：

一、涉及私權事實之公文書原本或正本，經表明係持往境外使用者。

二、公、私文書之繕本或影本。

※ 公證法第 71 條（公證書之說明補充或修正）

公證人於作成公證書時，應探求請求人之真意及事實真相，並向請求人說明其行為之法律上效果；對於請求公證之內容認有不明瞭、不完足或依當時情形顯失公平者，應向請求人

發問或曉諭，使其敘明、補充或修正之。

※ 民法第 1189 條（遺囑方式之種類）

遺囑應依下列方式之一為之：

一、自書遺囑。二、公證遺囑。三、密封遺囑。四、代筆遺囑。

五、口授遺囑。

故事
Story
九

二親等間買賣
視同贈與解決方案

◎摘要

雖然雷媽媽不是什麼富有的人家，但這棟房屋可是她與先生充
滿回憶與歡笑的記憶，更是她用盡心力打拼而來的。把這一生
的努力順利地傳承下去，將會是她接著更重要的任務呢。

雷媽媽，可以說是一位憑著自己的毅力與堅持，不向命運低頭的女性。白天為人做居家清潔打掃的工作。晚上，在夜市擺攤做生意。雷媽媽，一心就是想要拉拔她的小女兒能夠受到好的教育、被撫養長大成人。

　　就這樣，長達一、二十年的打拼。女兒很爭氣的，考上北部一所相當知名的大學。畢業後，留在北部謀得了一份有發展性的工作。作為媽媽的雷女士，這就是她這一、二十年來，心中最大的願望呀。如果，能夠看到女兒嫁得好歸宿，又可以抱到孫子，就更好了。這個場景，常常是雷媽媽在工作忙碌一天後，讓她再次充滿動力與希望的畫面。

　　多年後，女兒帶著一位英俊倜儻的男孩回來探望媽媽。原來；這位男孩，是女兒在北部工作所相識的。更巧的事，兩人都是南部人，男孩的純樸與單純，讓雷媽媽非常的喜歡這位男生，也很高興女兒能夠找到一個好對象。

　　但，雷媽媽心中若有所思，一方面喜歡這位未來的女婿。另一方面、她又擔心，未來女兒的婚姻是否會幸福？將來會有紛爭嗎？感情維持的久嗎？

　　原來，雷媽媽曾經失婚過，也難怪他會有所擔心。

　　雷媽媽早年也曾經擁有過一個美滿的家庭，與前夫也生下了一位女兒。但是，由於嫁入傳統家庭。婆婆總是對媳婦有千百般的不滿意。面對婆婆這樣的百般刁難，卻總又得不到先生的支持。兩人的婚姻關係，就此開始急轉直下。從原

本人見人羨的婚姻，到人人搖頭嘆氣。雷媽媽在懷孕八個月時，百般不得已的狀況下，結束了第一段的婚姻。而與前夫所生的大女兒，因為雷媽媽沒有能力扶養，也只能心痛的交給了先生。

　　產後，不向命運低頭的雷媽媽，雖然學歷不高，能夠找的工作有限。但是，她相信只要肯努力，不偷不搶也是可以養活自己的。於是雷媽媽就重新回到職場，重新開始她的打拼人生。

　　或許是老天憐憫雷媽媽。多年後，她遇到了人生中的第二個對象。但不同的是，這位對象，體貼溫柔、也不介意雷媽媽曾經失婚過。於是兩人就共組家庭，雷媽媽也與第二任先生，生下了現在的小女兒。

　　雷媽媽努力不懈的精神，加上現任先生的支持。他們打拼了多年，終於存下了一大筆錢，買了屬於自己的一棟三層樓的透天房屋。至此，他們終於擺脫了租屋的人生。

　　雷媽媽很清楚，自己的命苦。是因為學歷不高，見識不豐富。因此，她不希望自己的遺憾，也發生在與現任先生所生的小女兒身上。因此，雷媽媽非常重視對小女兒的栽培。媽媽與現任先生，寧可自己省吃儉用，只為了好好栽培小女兒，希望她未來能夠有好的發展。

　　然而，意外總是在意想不到的時候降臨。在小女兒就讀大二的時候，一場意外帶走了雷媽媽現任的先生。坎坷的命

運，似乎總是在對雷媽媽開玩笑，甚至像一場詛咒般的纏繞在她的身邊。即便如此，雷媽媽仍然是每天身兼數職的撐起了這個家庭，並且幫助小女兒完成了大學的學業。

在寡居的日子裡，小女兒總是會抽空回南部探望媽媽。深怕媽媽承受不了這孤獨與打擊。但小女兒不知，原來媽媽心中，始終還牽掛著與前夫所生的大女兒。有時，雷媽媽還會回到前夫家的巷口早餐店，坐在那兒，等候著一場與大女兒的巧遇。

大女兒，今年應該卅歲了吧？工作順利嗎？結婚了嗎？幸福嗎？現在長得怎樣呢？這些念頭，總是在雷媽媽坐在早餐店中，啜飲咖啡時，腦海中出現的畫面。

雷媽媽隨著年事已高，不知不覺中開始煩惱起「未來」的事。小女兒未來會接我一起住嗎？現在住的這間透天，該怎麼處理？是留給小女兒，還是、還是給那幾十年沒見過面的大女兒？

雖然雷媽媽不是什麼富有的人家，但這棟房屋可是她與先生充滿回憶與歡笑的記憶，更是她用盡心力打拼而來的。把這一生的努力順利地傳承下去，將會是她接著更重要的任務呢。於是，雷媽媽開始搜集著如何可以傳承資產的資訊。該用贈與給小女兒的方式嗎？還是等自己百年後，讓小女兒繼承呢？這樣會需要繳上多少稅？贈與給女兒；如果、如果有個萬一，小女兒不孝，她還能住在自己的房子裡嗎？還有，

大女兒。我這一輩子都沒有盡上媽媽的責任,房子是不是應該留給大女兒呢?

看來這位媽媽,還蠻鑽牛角尖、多愁善感呢!但!這個問題確實是雷媽媽所要面對的。究竟,面對這樣的問題,雷媽媽有什麼可以運用的「資產移轉」規劃呢?

★關於「資產移轉」財務顧問有以下三種方式建議：

1	以買賣方式移轉

本案以買賣的方式移轉，屬於二親等之間的買賣。好處是，適用自用住宅增值稅一生一次。要件是，戶籍要設在裡面，且沒有出租沒有營業。

計算的結果增值稅約為 468,000，但二親等間的買賣視同贈與，要主動向國稅局申報贈與稅。並且買賣的價金、資金流程及資金來源的合法性，及合理性均要符合國稅局規定。

目前小女兒的存款約為 50 萬，如果要以市價約 1,200 萬來購買，顯然購買價金不足，如果要以公告土地現值，及房屋評定現值合計約 600 萬來購買亦不足。另外即使以 600 萬來購買，未來房屋出售時。由於適用房地合一稅新制，將來出售時房地合一稅會高得嚇人。

2	以贈與方式移轉

　　本案以贈與的方式移轉，好處是不必有資金流程證明。但必須繳交約當 380,000 贈與稅及增值稅 1,200,000。因為，以贈與的方式移轉，並不適用自用住宅增值稅一生一次。合計共需繳交約 158 萬的稅金。一樣適用房地合一稅新制，將來出售時房地合一稅會很高。

3	以繼承方式移轉

　　本案以繼承的方式移轉，稅金最低。公告土地現值及房屋評定現值合計約 600 萬，不必繳交遺產稅，也不必繳交增值稅。但大女兒與小女兒均是有權利繼承的人，各有 1/2 的繼承權。

　　即使以遺囑的方式，也不能違反特留分之規定，大女兒仍擁有 1/4 的繼承權，萬一大女兒不出面或找不到人，房子的繼承將會變得非常的複雜。

★經過財務顧問與雷媽媽剖析與研討之後，最後做成的規劃方式為：

A.決定「結婚前」，以二親等買賣的方式移轉。理由如下：

1. 具有保障：不動產採登記制，結婚前移轉，屬婚前財產，不會列入夫妻共同財產，對將來小女兒婚姻萬一有變化時較有保障。
2. 節省稅金：因為不用繳 158 萬贈與稅及增值稅。
3. 較簡單化：省卻大女兒不出面或找不到人的複雜繼承問題。

B. 提出資金流程證明。步驟如下：

1. 免稅贈與：以贈與人為單位，善用每人每年 220 萬免贈與稅規定，重點是要向國稅局主動申報，取得免納贈與稅證明。於是先請母親贈與 220 萬給小女兒。
2. 墊高買價：由於適用房地合一稅新制，將來出售時房地合一稅會非常可觀，因此不適宜僅以公告土地現值及房屋評定現值合計約 600 萬來購買，計算結果，改以 800 萬來購買。
3. 銀行貸款：小女兒有正當的職業穩定的薪資收入，信

用良好，不動產市值 1,200 萬，可貸成數七成為 840 萬，足夠貸款額度。買賣價 800 萬，自備款三成為 240 萬元（小女兒自已的存款 50 萬，加上母親贈與 220 萬已足夠），貸款只要 560 萬，30 年期以首購利率，每個月負擔貸款本利和約為 2 萬初頭，薪資收入足以因應。

4. 資金證明：薪資存簿、銀行貸款相關文件及 220 萬免納贈與稅證明。

C. 申辦自用住宅登記。

1. 自用住宅：申報自用住宅增值稅一生一次，提出設籍之戶口名簿，實際也沒有出租沒有營業，填寫無出租無營業切結書，並申報繳交自用住宅增值稅約為 468,000。

2. 女兒設籍：新制房地合一稅適用自用規定，連續設籍 6 年可扣減 400 萬免所得稅額度，將來如果房子必須出售，假設以 1,200 萬出售，購買價金 800 萬加上 400 萬免稅額度，將來房地合一稅為 0 元，即使將來房屋增值出售價高出一些，房地合一稅亦可按成交價額 5% 認定為費用。

D. 不動產信託登記。

信託登記：移轉過戶到小女兒名下之後，不動產所有權狀所有人，為小女兒姓名，辦理不動產信託登記，以小女兒為委託人，以雷媽媽為受託人，如此不動產所有權狀登記名義人為雷媽媽姓名，實質所有權人仍為小女兒，將來若小女兒要出售不動產必須經由受託人雷媽媽的同意始可出售，以加強保護雷媽媽的居住權利及時空變化的出售風險。

E. 購買保險。

購買保險：要保人為雷媽媽，被保險人為雷媽媽，指定受益人為大女兒及小女兒。萬一有一天母親身故，此以指定受益人的保險免課遺產稅，且受益人的比例可按自己的意願來自由分配，雷媽媽可彌補身為人母無法照顧大女兒的遺憾。

當整個案件執行完畢之後，雷媽媽說：「終於完成了，真是謝謝你，心中的石頭終於落下」。財務顧問說：現在，您是不是也仍然會擔心，將來孫子生下來後會不會乖乖長大呢？

雷媽媽還是笑著笑著說：會哦！我說，將來小女兒計畫要生幾個小孩，您計畫要抱幾個孫子呢？她開玩笑的說一打。

看著小女兒扶著雷媽媽的手臂，走向電梯準備離去時，財務顧問心想，好幸福的一對母女。

　　離去前，雷媽媽回頭說：「謝謝您」。

　　「不客氣，這是我們應該做的」。

　　其實我們的內心還有一句話沒有說出來，那就是我看到一位好堅強的母親，謝謝您讓我有服務的機會。中秋節時，小女兒快遞寄來一盒月餅及小卡片，而我的記憶，仍停留在雷媽媽走向電梯準備離去的瞬間！祝福這對母女永遠幸福快樂！

本篇故事涉及相關法律關係

1. 遺產繼承人

2. 遺產稅之計算

3. 繼承免課土地增值稅

4. 二親等買賣視同贈與

5. 自用住宅土地增值稅

6. 房地合一稅

7. 贈與稅

8. 遺產稅

9. 特留分

10. 婚前財產

11. 不動產信託登記

【本篇故事涉及相關法條：】

※ 民法第 1138 條（法定繼承人及其順序）

遺產繼承人，除配偶外，依左列順序定之：

一、直系血親卑親屬。二、父母。三、兄弟姊妹。四、祖父母。

※ 民法第 1139 條（第一順序繼承人之決定）

前條所定第一順序之繼承人，以親等近者為先。

※ 民法第 1144 條（配偶之應繼分）

配偶有相互繼承遺產之權，其應繼分，依左列各款定之：

一、與第一千一百三十八條所定第一順序之繼承人同為繼承時，其應繼分與他繼承人平均。

二、與第一千一百三十八條所定第二順序或第三順序之繼承人同為繼承時，其應繼分為遺產二分之一。

三、與第一千一百三十八條所定第四順序之繼承人同為繼承時，其應繼分為遺產三分之二。

四、無第一千一百三十八條所定第一順序至第四順序之繼承人時，其應繼分為遺產全部。

※ 遺產及贈與稅法第 13 條（稅率）

遺產稅按被繼承人死亡時，依本法規定計算之遺產總額，減除第 17 條、第 17 條之 1 規定之各項扣除額及第 18 條規定之免稅額後之課稅遺產淨額，依下列稅率課徵之：

一、5,000 萬元以下者，課徵百分之 10。

二、超過 5,000 萬元至 1 億元者，課徵 500 萬元，加超過 5,000 萬元部分之百分之 15。

三、超過 1 億元者，課徵 1,250 萬元，加超過 1 億元部分之百分之 20。

※ 土地稅法第第 28 條（有定地價之土地所有權移轉時之增值稅課徵例外）

已規定地價之土地，於土地所有權移轉時，應按其土地漲價總數額徵收土地增值稅。但因繼承而移轉之土地，各級政府出售或依法贈與之公有土地，及受贈之私有土地，免徵土地增值稅。

※ 遺產及贈與稅法第 5 條：（視為贈與）

財產之移動，具有左列各款情形之一者，以贈與論，依本法規定，課徵贈與稅：

一、在請求權時效內無償免除或承擔債務者，其免除或承擔之債務。

二、以顯著不相當之代價，讓與財產、免除或承擔債務者，其差額部分。

三、以自己之資金，無償為他人購置財產者，其資金。但該財產為不動產者，其不動產。

四、因顯著不相當之代價，出資為他人購置財產者，其出資與代價之差額部分。

五、限制行為能力人或無行為能力人所購置之財產，視為法定代理人或監護人之贈與。但能證明支付之款項屬於購買人所有者，不在此限。

六、二親等以內親屬間財產之買賣。但能提出已支付價款之

確實證明，且該已支付之價款非由出賣人貸與或提供擔保向他人借得者，不在此限。

※ 所得稅法第 4 條之 4

個人及營利事業自中華民國一百零五年一月一日起交易房屋、房屋及其坐落基地或依法得核發建造執照之土地（以下合稱房屋、土地），符合下列情形之一者，其交易所得應依第十四條之四至第十四條之八及第二十四條之五規定課徵所得稅：

一、交易之房屋、土地係於一百零三年一月一日之次日以後取得，且持有期間在二年以內。

二、交易之房屋、土地係於一百零五年一月一日以後取得。

個人於中華民國一百零五年一月一日以後取得以設定地上權方式之房屋使用權，其交易視同前項之房屋交易。

第一項規定之土地，不適用第四條第一項第十六款規定（補充條文十六、個人及營利事業出售土地，或個人出售家庭日常使用之衣物、家具，或營利事業依政府規定為儲備戰備物資而處理之財產，其交易之所得。）；同項所定房屋之範圍，不包括依農業發展條例申請興建之農舍。

※ 所得稅法第 4 條之 5

前條交易之房屋、土地有下列情形之一者，免納所得稅。但符合第一款規定者，其免稅所得額，以按第十四條之四第三項規定計算之餘額不超過四百萬元為限：

一、個人與其配偶及未成年子女符合下列各目規定之自住房屋、土地：

（一）個人或其配偶、未成年子女辦竣戶籍登記、持有並居住於該房屋連續滿六年。

（二）交易前六年內，無出租、供營業或執行業務使用。

（三）個人與其配偶及未成年子女於交易前六年內未曾適用本款規定。

二、符合農業發展條例第三十七條及第三十八條之一規定得申請不課徵土地增值稅之土地。（央：農發第 37 條作農業使用之農業用地移轉與自然人時，得申請不課徵土地增值稅。農發第 38 條作農業使用之農業用地及其地上農作物，由繼承人或受遺贈人承受者，其土地及地上農作物之價值，免徵遺產稅，農發第 38 條之一農業用地經依法律變更為非農業用地）

三、被徵收或被徵收前先行協議價購之土地及其土地改良物。

四、尚未被徵收前移轉依都市計畫法指定之公共設施保留地。

前項第二款至第四款規定之土地、土地改良物，不適用第十四條之五規定；其有交易損失者，不適用第十四條之四第二項損失減除及第二十四條之五第一項後段自營利事業所得

額中減除之規定。

※ 所得稅法第 14 條之 4

第四條之四規定之個人房屋、土地交易所得或損失之計算，其為出價取得者，以交易時之成交價額減除原始取得成本，與因取得、改良及移轉而支付之費用後之餘額為所得額；其為繼承或受贈取得者，以交易時之成交價額減除繼承或受贈時之房屋評定現值及公告土地現值按政府發布之消費者物價指數調整後之價值，與因取得、改良及移轉而支付之費用後之餘額為所得額。但依土地稅法規定繳納之土地增值稅，不得列為成本費用。

個人房屋、土地交易損失，得自交易日以後三年內之房屋、土地交易所得減除之。

個人依前二項規定計算之房屋、土地交易所得，減除當次交易依土地稅法規定計算之土地漲價總數額後之餘額，不併計綜合所得總額，按下列規定稅率計算應納稅額：

一、中華民國境內居住之個人：

（一）持有房屋、土地之期間在一年以內者，稅率為百分之四十五。

（二）持有房屋、土地之期間超過一年，未逾二年者，稅率為百分之三十五。

（三）持有房屋、土地之期間超過二年，未逾十年者，稅率

為百分之二十。

（四）持有房屋、土地之期間超過十年者，稅率為百分之
十五。

（五）因財政部公告之調職、非自願離職或其他非自願性因
素，交易持有期間在二年以下之房屋、土地者，稅率為百分
之二十。

（六）個人以自有土地與營利事業合作興建房屋，自土地取
得之日起算二年內完成並銷售該房屋、土地者，稅率為百分
之二十。

（七）符合第四條之五第一項第一款規定之自住房屋、土地，
按本項規定計算之餘額超過四百萬元部分，稅率為百分之十。

二、非中華民國境內居住之個人：

（一）持有房屋、土地之期間在一年以內者，稅率為百分之
四十五。

（二）持有房屋、土地之期間超過一年者，稅率為百分之
三十五。

第四條之四第一項第一款、第四條之五第一項第一款及前項
有關期間之規定，於繼承或受遺贈取得者，得將被繼承人或
遺贈人持有期間合併計算。（央：意思為繼承遺贈可以套用自
住免納所得額的概念）

※土地稅法第34條（自用住宅用地增值稅之課徵及適用範圍）

土地所有權人出售其自用住宅用地者，都市土地面積未超過三公畝部分或非都市土地面積未超過七公畝部分，其土地增值稅統就該部分之土地漲價總數額按百分之十徵收之；超過三公畝或七公畝者，其超過部分之土地漲價總數額，依前條規定之稅率徵收之。

前項土地於出售前一年內，曾供營業使用或出租者，不適用前項規定。

第一項規定於自用住宅之評定現值不及所占基地公告土地現值百分之十者，不適用之。但自用住宅建築工程完成滿一年以上者不在此限。土地所有權人，依第一項規定稅率繳納土地增值稅者，以一次為限。

土地所有權人適用前項規定後，再出售其自用住宅用地，符合下列各款規定者，不受前項一次之限制：

一、出售都市土地面積未超過一・五公畝部分或非都市土地面積未超過三・五公畝部分。

二、出售時土地所有權人與其配偶及未成年子女，無該自用住宅以外之房屋。

三、出售前持有該土地六年以上。

四、土地所有權人或其配偶、未成年子女於土地出售前，在該地設有戶籍且持有該自用住宅連續滿六年。

五、出售前五年內，無供營業使用或出租。

因增訂前項規定造成直轄市政府及縣（市）政府稅收之實質損失，於財政收支劃分法修正擴大中央統籌分配稅款規模之規定施行前，由中央政府補足之，並不受預算法第二十三條有關公債收入不得充經常支出之用之限制。

前項實質損失之計算，由中央主管機關與直轄市政府及縣（市）政府協商之。

※ 土地稅法第 34-1 條（土地所有權人申請按自用住宅稅率課徵土地增值稅之程序）

土地所有權人申請按自用住宅用地稅率課徵土地增值稅，應於土地現值申報書註明自用住宅字樣，並檢附戶口名簿影本及建築改良物證明文件；其未註明者，得於繳納期間屆滿前，向當地稽徵機關補行申請，逾期不得申請依自用住宅用地稅率課徵土地增值稅。

土地所有權移轉，依規定由權利人單獨申報土地移轉現值或無須申報土地移轉現值之案件，稽徵機關應主動通知土地所有權人，其合於自用住宅用地要件者，應於收到通知之次日起三十日內提出申請，逾期申請者，不得適用自用住宅用地稅率課徵土地增值稅。

※ 民法第 1223 條（特留分之比例）

繼承人之特留分，依左列各款之規定：

一、直系血親卑親屬之特留分，為其應繼分二分之一。

二、父母之特留分，為其應繼分二分之一。

三、配偶之特留分，為其應繼分二分之一。

四、兄弟姊妹之特留分，為其應繼分三分之一。

五、祖父母之特留分，為其應繼分三分之一。

※ 民法第 1017 條（婚前財產與婚後財產）

夫或妻之財產分為婚前財產與婚後財產，由夫妻各自所有。
不能證明為婚前或婚後財產者，推定為婚後財產；不能證明
為夫或妻所有之財產，推定為夫妻共有。

※ 信託法第 1 條（信託之意義）

稱信託者，謂委託人將財產權移轉或為其他處分，使受託人
依信託本旨，為受益人之利益或為特定之目的，管理或處分
信託財產之關係。

※ 土地登記規則第 130 條（信託登記）

信託登記，除應於登記簿所有權部或他項權利部登載外，並
於其他登記事項欄記明信託財產、委託人姓名或名稱，信託
內容詳信託專簿。
前項其他登記事項欄記載事項，於辦理受託人變更登記時，
登記機關應予轉載。

※ 土地登記規則第 131 條（書狀之載明事項）

信託登記完畢，發給土地或建物所有權狀或他項權利證明書時，應於書狀記明信託財產，信託內容詳信託專簿。

保險與夫妻
剩餘財產分配請求權

◎摘要

雖然從現代社會的角度，可能許多人會覺得左先生的思想太過封建保守，而且重男輕女，但不可否認的，左先生只是盡力維護祖先所交代守護家產的使命。然而如何將全部祖產傳承給長子，又不破壞對女兒的情份，不僅考驗老夫妻的智慧，他們也明白若是沒有處理好這件事，家族內即將會展開爭產的風暴。

左先生伉儷，為居住在南部地區的一位地主。有一名兒子，兩位已出嫁的女兒，

左先生伉儷共有一位內孫，五位外孫子女。左先生伉儷除了守護著先祖所傳承下來的資產外，加上自己也頗有經營的頭腦，累積的資產愈來愈龐大。

然而隨著年齡愈來愈大，兩人紛紛將邁入八十歲了，左先生也開始思考著如何將資產能夠順利移轉給下一代，由於南部人的傳統的思想，認為祖傳的財產並需要留給兒子。如果將祖產留給女兒，祖產就會流到外姓，這樣祖產就不能代代相傳，左先生就有違了先祖傳承的使命。

雖然從現代社會的角度，可能許多人會覺得左先生的思想太過封建保守，而且重男輕女，但不可否認的，左先生只是盡力維護祖先所交代守護家產的使命。

然而如何將全部祖產傳承給長子，又不破壞對女兒的情份，不僅考驗老夫妻的智慧，他們也明白若是沒有處理好這件事，家族內即將會展開爭產的風暴。

左先生伉儷其實多年前，就開始思考著這件事，於是已經開始背著兩個女兒，默默地著手進行移轉資產的行為。除了將土地與房產每年在新台幣兩百二十萬的價值下分割贈與給長子，也透夠購買保險，以自己做要保人，長子做被保險人，內孫做受益人的方式來轉移資產，經過數年下來，保單準備金也累積了將近五千多萬元。

然而，天有不測風雲，某日左先生因身體不適就醫，經過診斷確認罹患癌症末期。突如其來的噩耗，使得左先生更急迫的想要趕緊將資產一次全部轉移，於是左先生趕緊找來了他的土地代書商量過戶土地與房產的事宜，並且立即將自己在銀行的存款五千多萬全部轉移給左太太。

　　但是，左先生伉儷並沒有想到，他們轉移資產的動作，看在兩位女兒的眼中是充滿了許多的委屈與不滿，畢竟從父親確診到住院手術，治療與回診的過程，幾乎都是兩位女兒在分擔著照顧老父親的工作，而可以獲得全部家產的長子，對於老父親的生病並沒有向兩位女兒表現出那麼的關心與花心思照顧。

　　一年後，左先生終於過世了。在辦老父親後事的過程中，兩位女兒的先生再也按耐不住心中的憤怒與不滿，就在家族會議上爆發衝突了。原來在左先生過世之前，兩位女婿早已經找好律師，詢問如何可以保全他們的權利。

　　律師告訴他們，左先生過世之後，依照民法繼承篇的規定，左先生的遺產將由左太太、長子及兩位女兒，五人均分。而不是由左先生原本所安排，全部由長子獨得。同時對於左先生過世之前，轉移到長子名下的房地產、與轉移給左太太的五千萬元現金，都包含在分配遺產的範圍內。

　　當兩位女婿提出這樣的主張時，在往後每一場討論左先生辦理後事的家族會議中，不斷的上演長子與女婿們一幕幕

火爆的衝突。然而，子女的爭產與女婿的介入，看在左太太的眼中更是充滿辛酸與無奈，只能故作鎮定主持大局，卻總是在孩子們返家後；抱著左先生的遺像嚎啕大哭。左太太除了不捨先生的離世，更難過的是看到子女們爭產，甚至女婿們的介入，讓整個家族四分五裂。甚至連心愛的孫子女都被捲入了爭產的風暴當中。此時的左太太對於人性感到徹底的失望，同時也無能為力去處理爭產的糾紛，只能夠故作堅強地將左先生的喪禮後事辦妥。

關於遺產的部分，由於左先生在過世前是憑著自己的意志再分配財產，且沒有預留遺囑。再加上沒有專家事先協助安排合法移轉的規劃。當家人前往國稅局申報遺產時，出現了許多大問題。

首先在申報遺產時，家屬誤以為保險是免稅的，因此未將左先生購買的保險保單價值列入「其他資產」申報。也未將左先生過世前轉移給配偶的五千萬元現金提出申報。當然也沒有將死亡前兩年內轉移給長子的不動產提出申報。

由於左先生是屬於高資產人士，國稅局在清查左先生近年來的財產之後，發現左先生有生前大量移轉資產的事實，顯於與家屬提出的遺產申報書中的財產清冊有明顯的差距，經調查後國稅局認為左先生有逃稅的事實，因此面臨到補稅與高額裁罰的事實。

當左太太看到國稅局的裁罰後，不經悲從中來，更後悔

當初沒有找到專家來協助他們在生前做好完整的規劃，導致祖先留下來的財產，非但沒有依照左先生的遺願順利的轉移給長子，還演變至子女們撕破臉老死不往來。如今更要補繳高額的遺產稅金與罰單而煩惱。不僅資產沒有移轉成功，甚至因此失去了子女們的和樂，與將近一半的財產。

究竟左先生在規劃資產移轉犯了什麼錯誤呢？我們逐一來解析：

保險部分：

其實依照保險法的規定，死亡保險金是在約定被保險人死亡時有「約定」或「指定」受益人時，才免列為要保人的遺產。遺產暨贈與稅法亦規定：被繼承人死亡時其指定受益人之人壽保險金額不計入遺產。

然而，本案的左先生透過購買保險的方式，以自己做要保人，但被保險人是長子，受益人為孫子。因此，並不符合保險法與遺產暨贈與稅法的規定。而必須要以自己做為要保險人，且同時為被保險人時，才能達到保險金額免計入遺產的效果。若死亡保險金超過三千三百三十萬時，將會有所得稅額條例（最低稅負制）有扣繳 20% 所得稅的問題。

建議資產移轉之解決方案：

一、運用保險之解決方案：

左先生可以自己做為要保人同時為被保險人方式，並指定配偶或長子作為保險金受益人。同樣可以達成資產移轉的目的。同時保險金所得，可以不受民法特留份、應繼份的限制。任何家屬都不能主張分配死亡保險金的權利。

此外：倘若死亡保險金超過三千三百三十萬的部分，亦可多指定一名受益人。達到每一申報戶有三千三百三十萬的免計入遺產的權利。

因此：當時左先生在身體健康狀況良好的情況下，應該是以自己做為被保險人，而不是以長子作為被保險人。結果沒有運用到保險受益人免計入遺產稅的效果，反而累計的保單價值準備金全部被計入遺產。

方案一

要保人	被保人	身故保險金 受益人	免計入 基本所得額額度
左先生	左先生	左太太	3,330 萬
		長子	3,330 萬
		內孫（需成年）	3,330 萬
節稅效果			共 9,990 萬
			免計入基本所得額

· 遺產稅之每一申報戶須成年。

　　若藉由此方法，在內孫成年之前左太太加上長子，可享有 6,660 萬的免計入基本所得額的額度。當內孫成年之後，免計入基本所得額將增加為 9,990 萬。但請注意，超過 9,990 萬的部分，必須要繳交 20% 所得稅。

　　此外：左先生亦可運用指定受益人採比例方式，分配一部分現金給兩位女兒，這樣除了可以擴大免計入遺產稅額度外，也可以或多彌補左先生忛儷對女兒的不公平。

方案二

要保人	被保人	身故保險金 受益人	免計入 基本所得額額度
左先生	左先生	左太太	3,330 萬
		長子	3,330 萬
		內孫（需成年）	3,330 萬
		次女	2,000 萬
		三女	2,000 萬
節稅效果			共 13,990 萬免計入

‧可擴大節稅效果，並且適度分配現金。將原本要繳出去的稅，轉為給子女作為遺產完稅稅源。

‧遺產稅之每一申報戶須成年。

二、運用夫妻剩餘財產差額分配請求權之解決方案：

依照現行遺產暨贈與稅規定，被繼承人死亡前兩年移轉的資產，需計入遺產。而遺產是屬於所有繼承人「共同公有」之資產的權利。

左先生由於病發後，急著要處分資產，卻沒有想到，這樣的做法不僅沒有達到合法轉移的效果，反而造成逃稅的事實，並遭到裁罰。

因此：建議左先生既然知道已經是癌症末期，對於現有的資產不應急著做出處分或移轉的動作，反而可以讓左太太在未來運用「夫妻差額財產分配請求權」的權利，合法的減少遺產稅的支付，以及逃稅的罰金。

| 左先生
婚前財產一億
婚後財產四億 | 左先生仇儷
婚後財產差額
4 億＋ 100 萬 ÷ 2 ＝
200,500,000 |
| | 左太太
婚後財產一百萬 |

可採取的方案：

左太太可以主張以「夫妻差額財產分配請求權」來節約遺產稅。左先生與左太太之婚後財產差額為 39,500,000。左太太主張該金額之一半 19,750,000 為本人婚後共同擁有，此部分申請不計入左先生遺產。運用所需申報之遺產部分將會從五億資產，減少為二億零五十萬元整。

運用「夫妻差額財產分配請求權」的效果，可以將需計入遺產總額有效且合法的減少，並且創造出遞延稅負的效果。運用分配請求權的效果，比起死亡前兩年大量贈與金錢財產，而被計入遺產總額的效果，更能達成資產傳承以及減少稅額的目的。

結論

「錯誤的財務規劃，比不規劃還嚴重」，本故事中的左先生伉儷，擁有大量房產與現金。然而太晚才開始進行規劃，此外又做了錯誤的保險關係人規劃，以致無法運用到保險金免計入遺產稅的優勢外，左先生身故後所留下來的保單價值準備金，全額被計入遺產總額，也成為子女爭產的目的之一。

而且，要保人遺留的保單價值準備金，常常是遺產申報人疏漏的申報項目，成為被裁罰、逃漏稅的項目之一。

此外，由於房地產的價值通常都極為龐大，若是透過每年分割贈與的方式，只會徒增額外的稅費與代書費用等成本，且緩不濟急。而死亡前兩年的移轉也會被計入遺產總額。若是因此忘記申報，更會遭遇到裁罰。

　　對於故事中的左先生伉儷，應該先請專家盤點總資產之後，對於房地產的部分，若於生前移轉，需要面臨土增稅與契稅等成本。若於身故後再行以繼承的方式移轉，就可以免除土增稅。此外，對於未來將產生的遺產稅部分，以及避免子女爭產的問題。左先生可以透過以高保額的保險來進行規劃。

　　如方案一、方案二等建議，已左先生本身做要、被保人，配偶與長子或長孫作為受益人。既可以達到資產移轉以及預留稅源的目的，同樣的也可以照顧到兩位女兒的感受，達到將不動產留在本家，將部分現金留給女兒的效果。

本篇故事涉及相關法律關係

1. 遺產繼承人
2. 特留分
3. 保險法
4. 基本所得額條例
5. 夫妻剩餘財產差額分配請求權

【本篇故事涉及相關法條：】

※ 民法第 1138 條（法定繼承人及其順序）

遺產繼承人，除配偶外，依左列順序定之：

一、直系血親卑親屬。二、父母。三、兄弟姊妹。四、祖父母。

※ 民法第 1139 條（第一順序繼承人之決定）

前條所定第一順序之繼承人，以親等近者為先。

※ 民法第 1144 條（配偶之應繼分）

配偶有相互繼承遺產之權，其應繼分，依左列各款定之：

一、與第一千一百三十八條所定第一順序之繼承人同為繼承時，其應繼分

與他繼承人平均。

二、與第一千一百三十八條所定第二順序或第三順序之繼承

人同為繼承時，其應繼分為遺產二分之一。

三、與第一千一百三十八條所定第四順序之繼承人同為繼承時，其應繼分為遺產三分之二。

四、無第一千一百三十八條所定第一順序至第四順序之繼承人時，其應繼分為遺產全部。

※ 民法第 1223 條（特留分之比例）

繼承人之特留分，依左列各款之規定：

一、直系血親卑親屬之特留分，為其應繼分二分之一。

二、父母之特留分，為其應繼分二分之一。

三、配偶之特留分，為其應繼分二分之一。

四、兄弟姊妹之特留分，為其應繼分三分之一。

五、祖父母之特留分，為其應繼分三分之一。

※ 遺產及贈與稅法第 17 條（遺產稅之扣除額）

左列各款，應自遺產總額中扣除，免徵遺產稅：

一、被繼承人遺有配偶者，自遺產總額中扣除四百萬元。

二、繼承人為直系血親卑親屬者，每人得自遺產總額中扣除四十萬元。

其有未滿二十歲者，並得按其年齡距屆滿二十歲之年數，每年加扣四十萬元。但親等近者拋棄繼承由次親等卑親屬繼承者，扣除之數額以拋棄繼承前原得扣除之數額為限。

三、被繼承人遺有父母者，每人得自遺產總額中扣除一百萬元。

四、第一款至第三款所定之人如為身心障礙者保護法第三條規定之重度以上身心障礙者，或精神衛生法第五條第二項規定之病人，每人得再加扣五百萬元。

五、被繼承人遺有受其扶養之兄弟姊妹、祖父母者，每人得自遺產總額中扣除四十萬元；其兄弟姊妹中有未滿二十歲者，並得按其年齡距屆滿二十歲之年數，每年加扣四十萬元。

六、遺產中作農業使用之農業用地及其地上農作物，由繼承人或受遺贈人承受者，扣除其土地及地上農作物價值之全數。承受人自承受之日起五年內，未將該土地繼續作農業使用且未在有關機關所令期限內恢復作農業使用，或雖在有關機關所令期限內已恢復作農業使用而再有未作農業使用情事者，應追繳應納稅賦。但如因該承受人死亡、該承受土地被徵收或依法變更為非農業用地者，不在此限。

七、被繼承人死亡前六年至九年內，繼承之財產已納遺產稅者，按年遞減扣除百分之八十、百分之六十、百分之四十及百分之二十。

八、被繼承人死亡前，依法應納之各項稅捐、罰鍰及罰金。

九、被繼承人死亡前，未償之債務，具有確實之證明者。

十、被繼承人之喪葬費用，以一百萬元計算。

十一、執行遺囑及管理遺產之直接必要費用。

被繼承人如為經常居住中華民國境外之中華民國國民，或非中華民國國民者，不適用前項第一款至第七款之規定；前項第八款至第十一款規定之扣除，以在中華民國境內發生者為限；繼承人中拋棄繼承權者，不適用前項第一款至第五款規定之扣除。

※ 遺產及贈與稅法第 13 條（稅率）

遺產稅按被繼承人死亡時，依本法規定計算之遺產總額，減除第 17 條、第 17 條之 1 規定之各項扣除額及第 18 條規定之免稅額後之課稅遺產淨額，依下列稅率課徵之：

一、5,000 萬元以下者，課徵百分之 10。

二、超過 5,000 萬元至 1 億元者，課徵 500 萬元，加超過 5,000 萬元部分之百分之 15。

三、超過 1 億元者，課徵 1,250 萬元，加超過 1 億元部分之百分之 20。

※ 民法第 1030-1 條（夫妻剩餘財產差額分配請求權）

法定財產制關係消滅時，夫或妻現存之婚後財產，扣除婚姻關係存續所負債務後，如有剩餘，其雙方剩餘財產之差額，應平均分配。但下列財產不在此限：

一、因繼承或其他無償取得之財產。

二、慰撫金。

依前項規定，平均分配顯失公平者，法院得調整或免除其分配額。

第一項請求權，不得讓與或繼承。但已依契約承諾，或已起訴者，不在此限。

第一項剩餘財產差額之分配請求權，自請求權人知有剩餘財產之差額時起，二年間不行使而消滅。自法定財產制關係消滅時起，逾五年者，亦同。

※ 基本所得額條例第 12 條

（一）綜合所得淨額（即一般結算申報書中稅額計算式之 AE 或 AJ ＋ AL 金額）。

（二）海外所得：指未計入綜合所得總額之非中華民國來源所得及香港澳門地區來源

所得，一申報戶全年合計數未達 100 萬元者，免予計入；在 100 萬元以上者，應全數計入。

（三）特定保險給付：受益人與要保人非屬同一人之人壽保險及年金保險給付，但死亡給付每一申報戶全年合計數在 3,330 萬元以下部分免予計入。

（四）私募證券投資信託基金受益憑證之交易所得。

（五）申報綜合所得稅時減除之非現金捐贈金額。

（六）綜合所得稅結算申報時，選擇分開計稅之股利及盈餘合計金額。

故事
Story
｜十一｜

重婚與夫妻
剩餘財產分配請求權

◎摘要

在彩排的時候，楚先生竟巧遇了「前妻」甯小姐，她恰巧正是
樂團的美麗主唱，雖然多年不見，但模樣變化不大；她也認出
了楚先生，上前來打了招呼。面對這突來的巧遇，楚先生才猛
然想起自己「似乎」是個已婚者，而跟甯小姐聊天的過程中，
也發現她至今單身未嫁，如果自己已婚，那現在該怎麼辦？還
有，需不需要跟準太太坦承一切呢？而在法律上會不會有什麼
問題呢？情況真是越來越令人擔心⋯⋯。

多年前，楚先生在美國攻讀電機研究所時，與一干兄弟好友們去拉斯維加斯參加好友的婚姻派對。而楚先生在派對上也邂逅一名美麗大方的甯姓女子，在酒精作祟與現場的浪漫氣氛下，在半醉半醒之間與好友起鬨下竟與甯小姐在拉斯維加斯申請結婚並立即舉辦結婚儀式。在為期兩週的甜蜜相處與旅遊，兩人竟也心照不宣的默默離開這段短暫甜蜜的愛情。楚先生也在畢業後隨即離開美國，從此與甯小姐失聯。

　　畢業後的楚先生回台在著名的半導體公司工作多年後開始創業，成立了一家半導體設備商，多年來也不曾再去美國。二十年後，四十多歲的楚先生遇見了心儀的胡姓女子，兩人決定攜手步入禮堂。然而，在籌備婚禮的過程中，卻發生了一件事，差點毀了楚先生的人生……。

　　在飯店的婚宴廳裡，婚禮籌備人員們正著進行著婚宴當天的彩排，準新娘胡小姐包辦了大小事，而忙碌的楚先生還是第一次來到婚宴場地。胡小姐一一介紹完工作人員之後，就感覺楚先生好像心事重重的樣子，整個下午都心不在焉，彩排頻頻出錯，不知道發生了什麼事。彩排結束後，胡小姐忍不住問了他，可是他也支支吾吾的，只說是太累了，就早早上床睡覺。

　　原來，在彩排的時候，楚先生竟巧遇了「前妻」甯小姐，她恰巧正是樂團的美麗主唱，雖然多年不見，但模樣變化不大；她也認出了楚先生，上前來打了招呼。面對這突來

的巧遇，楚先生才猛然想起自己「似乎」是個已婚者，而跟甯小姐聊天的過程中，也發現她至今單身未嫁，如果自己已婚，那現在該怎麼辦？還有，需不需要跟準太太坦承一切呢？而在法律上會不會有什麼問題呢？情況真是越來越令人擔心⋯⋯。

究竟楚先生未來會遭遇到甚麼樣的問題，在此解析如下：

楚先生苦於這一團混亂，不知道怎麼跟準太太解釋自己的前妻，或者乾脆隱瞞算了；但是，看在專家的眼裡，這個情況嚴重的程度還不僅於此：

問題一：國外結婚，回台沒登記，婚姻是否有效？
回答：若國外的婚姻有效，台灣不必登記即有效力。

因為楚先生的前婚在國外，回台灣之後並沒有登記，很多人以為這就不算有效，但依據《涉外民事法律適用法》第46條規定：「婚姻之成立，依各該當事人之本國法。但結婚之方式依當事人一方之本國法或依舉行地法者，亦為有效。」這就是說，我國國民在外國結婚，只要符合我國法律的要件，或者當地法律的要件的「其中之一」者，婚姻就算合法成立，不必一定要回台灣登記才算有效。

楚先生與甯小姐當年在拉斯維加斯辦理的結婚手續，如果是依照當地法律執行，而為有效結婚，那麼即使後來在臺

灣沒有辦理結婚登記，僅是『行政程序』未完成，在實質上的法律面上，仍具有其效力。因此，甯小姐、楚先生目前確實是合法夫妻。

　　問題二：若誠實告知並結束前婚，再與胡小姐結婚，可行嗎？

　　回答：在法律上確實應該如此，但財產配置勢必產生大變化。

　　看到這裡，你可能會想到「還好與胡小姐還沒結下去，否則就麻煩了！」但是，其實光是要處理前段婚姻，就可能讓楚先生的婚禮延期，甚至「永遠延期」。

　　因為，楚先生與甯小姐的關係雖然在實質上，與陌生人沒有太大差別，但在法律上，他們卻是「互負扶養義務」的緊密夫妻；在法律上他們並不是只見過兩次面的陌生人，而是婚姻維持了 20 年的配偶。

　　根據民法第 1030-1 條：『法定財產制關係消滅時，夫或妻現存之婚後財產，扣除婚姻關係存續所負債務後，如有剩餘，其雙方剩餘財產之差額，應平均分配。……』也就是說，夫妻之間除了負有扶養義務之外，還有「夫妻法定財產制」，也就是婚姻關係因離異或一方死亡消滅時，婚後財產的剩餘必須均分；所以，這兩位已經結縭了 20 年的夫妻，因為當初

沒有特別約定，所以依據法定財產制。楚先生 20 年來的努力積累之後，他已經有了上億元身價，如果雙方要離婚，甯小姐會不會願意放棄自己可得請求的財富呢？

★簡單試算一下若雙方協議離婚，甯小姐可得之請求權金額：

	婚後財產	婚後負債	剩餘
楚先生	1 億元	2 千萬	8 千萬元
甯小姐	1 千萬元	0 元	1 千萬元
剩餘財產分配	(8 千萬元＋1 千萬元)÷2=4500 萬元		

‧因此，甯小姐如果要與楚先生離婚，有權利向他請求 3500 萬元的財產。

至此，您是否已經理解，至今楚先生才發現自己，已經陷入一個很大的困境。而且這個困境是早在 20 年前就種下的前因，現在不管怎麼做，都是進退兩難的情況。

若與前妻離婚，需要付上一大筆錢；若裝傻不承認前段婚姻，就再度結婚。甯小姐也有權利拿著當初國外的結婚證明文件，到戶政事務所補辦結婚登記，屆時他將背上重婚罪。

這種情況，讓楚先生不知該怎麼處理，目前對他來說最好的情況，就是希望甯小姐在美國時已經使用美國的「公告離婚」來解除婚姻關係，那麼現在就沒有重婚的問題，但是如果她仍以美國的有效離婚在台灣主張「夫妻剩餘財產分配請求權」，那麼還是楚先生還是可能要給付相當報酬。

或者，假設甯小姐並沒有辦公告離婚，但願意發「佛心」與楚先生離婚，又願意放棄夫妻剩餘財產分配請求權；或許，楚先生才能安全渡過此次危機，圓滿解決此事。

問題三：若前婚不處理就結婚，有何後果？
回答：構成重婚罪，可處 5 年以下有期徒刑。

如果楚先生裝傻不處理前段婚姻，就繼續與胡小姐結婚，將會觸及民、刑法，還可能被具體求刑。

因為楚先生在台灣的戶籍、身分證上，配偶欄都是空白的，一般人直觀上就會認為楚先生是單身，畢竟連楚先生自己都不知道自己是已婚。但依據《民法》及《刑法》第 237 條，已經結過婚的楚先生若是再與配偶以外的人結婚，除了後段婚姻會無效外，還會構成重婚罪，可處 5 年以下有期徒刑，其相婚者亦同。

這是說，如果楚先生不處理好前段婚姻就與胡小姐結婚，將構成重婚罪，使後段婚姻無效；而且，假設胡小姐也知情

而又與楚先生結婚，她也可能背上重婚罪的刑責。但是如果是楚先生瞞著胡小姐而與她結婚，胡小姐因為不具有「故意」的意圖，所以不構成重婚罪，但是婚姻也是無效。

在實務上，構成重婚罪必須是行為人具有「重婚之故意」，且其結婚要件須俱足（例如我國目前採取的「登記」婚），才會認定構成重婚罪；假設胡小姐沒有「故意」的意圖，即不構成犯罪。

由此案例可以看得出，「結婚」在法律上是不可以任性而為的事，婚姻對於資產配置緊密相連；遇到類似楚先生的狀況，等於主導權完全握在甯小姐手中，真可說是「一失足成千古恨」的經典案例啊。

◎「公告離婚」是什麼？

美國所謂「公告離婚」指的是當配偶失蹤或失去聯繫後，要單方面提出離婚時，可以請法院要求透過「公告」的方式來進行。因為配偶已經失蹤，起訴書、判決書等文件並沒有正確有效的地址可以送達，因此把「公告」當成送件的程序，在經過一段時間的公告之後，如果無人提出異議，就進入訴訟、判決等程序，最後由法院判決離婚。

假設甯小姐是內華達州拉斯維加斯的住民，想要申請法院判決離婚的話，依照內華達州的規定，她本人或配偶必須

住在內華達州滿六個星期以上，才符合申請要件。而內華達州的公告離婚，必須符合對方失蹤，無法取得聯繫，或者躲起來不接受傳票等因素。若加上公告的期間，全部大約需要花 3~4 個月的時間。

然而美國各州對於離婚的規定不同，相對來說拉斯維加斯是容易結婚、容易離婚的地方；若甯小姐是美國其他地區的居民，離婚的方式須依各州的規定。

◎婚姻若無效，可能須補繳贈與、土地增值稅

假設楚先生、胡小姐是在結婚之後才遇到甯小姐，而甯小姐也在台灣補辦結婚登記，就會造成胡小姐的婚姻無效。不但結縭幾十年的丈夫一瞬間就沒了，後婚的配偶胡小姐並且配偶還喪失了剩餘財產分配的權利。實務上真的發生過，有些人跟著配偶一起打拼努力幾十年，但名分、法律地位、財產竟同時消失，令人難以接受。

不過，這還不是全部的損失；由於夫妻間的贈與稅跟土地增值稅都是免稅的，如果後婚因重婚而無效，夫妻關係即不存在，那麼之前的贈與稅、土地增值稅都需要補課徵。

◎前後婚都有效的重婚情況

根據我國法律，在以下兩種特殊的情況下，後婚才有可能有效。

第一：善意且無過失

★雙方當事人皆善意且無過失，信賴前婚離婚登記或判決，則後婚有效。

根據《民法》第 985 條、第 988 條第二款及第三款，有配偶者不得重婚，一人也不得同時與兩人以上結婚；違反者婚姻無效。但是，若重婚之雙方當事人，因為善意且無過失地信賴一方的前婚姻消滅的離婚登記，或離婚判決是有效力的，而結婚者，婚姻仍然有效。

也就是說，在一般情況下，重婚的後婚是無效的，但如果因為某些因素導致重婚，而後婚的「兩位當事人」都在「善意且無過失」的情況下，認定前一段婚姻的離婚登記，或者離婚判決是有效的，所以才結婚，那麼這樣的後婚是依然有效的。惟依民法第 988-1 條規定，前婚姻自後婚姻成立之日起視為消滅，將會進入法定財產分配的狀態。

例如曾有一位 A 女在民國 63 年與 B 男結婚，後來協議離婚，也辦好離婚戶籍登記；後來 B 男又在民國 80 年與 C 女結婚。沒想到 A 女在 B 男再婚後，以「協議離婚時的證人，不

知道有無離婚的真意。」為理由，提起確認婚姻關係存在的訴訟，並經過判決確定勝訴。

這類情況，由於Ｂ男、Ｃ女在結婚當時是信賴、相信前婚的離婚登記，所以結婚，是屬於「善意且無過失」的情況，因此後婚有效，前婚在後婚成立後消失。

第二：因重大變故而分隔兩岸

★因國家重大變故而分隔兩岸，除非雙方均重婚，否則前、後婚皆有效。

由於民國38年國民政府遷都來台，造成許多夫妻勞燕分飛、相聚無期，相隔兩地無法相見，以致於衍生許多外省老兵在台灣重婚的情況。我國民法也因此做過修正，並有大法官釋字第242號等爭議，曾引發法界一番熱烈討論。

而現今有「台灣地區與大陸地區人民關係條例」第64條規定，夫妻因一方在台灣，一方在大陸而不能同居。在民國74年6月4日以前重婚者，利害關係人不得聲請撤銷；民國74年6月5日以後、76年11月1日以前重婚者，後婚有效。也就是說，76年11月1日以前重婚者，可合法擁有前、後婚姻；除非是雙方都重婚，那麼於後婚者重婚之日起，原婚姻關係消滅。

然而實務上符合夫妻分居兩岸，又在民國76年之後重婚

的人已經不多。法界這樣的修正是為了體恤在動盪的大時代下，形成的特殊情況，所以才使後婚有效，其精神已經不只是單純考量一夫一妻制，還參酌了現實中的人情，成為早年一種特殊的合法重婚現象。

結論

　　婚姻會涉及一連串的法律關係與財產配置，本來就不該
當成兒戲，遑論是複雜的跨國婚姻呢！跨國婚姻因為兩國的
法律規定會有不同，理當特別謹慎才是。

　　所以，如果不想引起不必要的麻煩，或是在過世之後留
下難看的爭產風波，最好在結婚之前就先請教專家，徹底弄
懂各國的法規規定，將婚姻與財產配置做整合性的規劃才妥
當。

　　另外，雖然我國對於婚姻是採取一夫一妻制的原則，但
基於我國法律地位與國際不對等的關係，所以在某些情況下，
會承認一夫多妻，這就成為現行法律上的矛盾之處。未來若
要改善，須待主管機關、立法機關等藉著修法來調整。

本篇故事涉及相關法律關係

1. 民法
2. 刑法

【本篇故事涉及相關法條：】

※ 涉外民事法律適用法

第 46 條規定：「婚姻之成立，依各該當事人之本國法。但結婚之方式依當事人一方之本國法或依舉行地法者，亦為有效。」

※ 民法第 1030-1 條

『法定財產制關係消滅時，夫或妻現存之婚後財產，扣除婚姻關係存續所負債務後，如有剩餘，其雙方剩餘財產之差額，應平均分配。

※ 民法第 985 條

『有配偶者，不得重婚。』（第一項）

『一人不得同時與二人以上結婚。』

※ 民法第 1030-1 條

『法定財產制關係消滅時，夫或妻現存之婚後財產，扣除婚

姻關係存續所負債務後，如有剩餘，其雙方剩餘財產之差額，
應平均分配。但下列財產不在此限：

一、因繼承或其他無償取得之財產。

二、慰撫金。

依前項規定，平均分配顯失公平者，法院得調整或免除其分
配額。

第一項請求權，不得讓與或繼承。但已依契約承諾，或已起
訴者，不在此限。

第一項剩餘財產差額之分配請求權，自請求權人知有剩餘財
產之差額時起，二年間不行使而消滅。自法定財產制關係消
滅時起，逾五年者，亦同。

※ 刑法第 237 條

『有配偶而重為婚姻或同時與二人以上結婚者，處五年以下
有期徒刑。其相婚者亦同。』

故事
Story
|十二|

保險不是節稅萬靈丹

◎摘要

福太太收到了來自國稅局的「遺產稅額核定通知書」,當她看
到核定金額後大受驚嚇。且國稅局臚列出了數筆人壽保險理賠
被計入遺產總額。尤其是,九十五年所購買的增額壽險竟然也
被計入。在這樣的情境下,福太太只能一方面向國稅局提出複
查,同時也想辦法向親友借貸資金繳納遺產稅。

福先生從美國學成歸國後，就任職於某科技廠擔任研發副總，家庭成員有配偶及兩名子女。由於福先生所服務的企業，是政府大力扶植的龍頭產業，且公司據點橫跨台灣與歐美等主要國家。對於像福先生這樣具有高科技背景的歸國學人，深受公司重視是可想而知的。

由於福先生擔任研發專案負責人，再加上公司在歐、美其他國家都有實驗室。因此；福先生的除了每天常態的研發與管理工作外，也常常要在深夜與歐、美實驗室的研究人員視訊討論研發進度。這樣日夜顛倒的且長時間的工作，對於年輕時的福先生是可以應付的，但隨著漸漸要邁入退休的年齡，福先生也時常會感到疲憊不堪。

不過，留美歸國的福先生保險觀念可是非常的好，他深知出門在外難免有所意外，因此他早已為自己準備好足夠的醫療保險、重大傷病保險。此外；也特別為自己與太太分別購買了一份高額的人壽保險。福先生在購買高額人壽保險時，曾與業務人員討論過，他希望能夠透過保險，強迫自己存一筆未來的養老費用來源。同時，萬一發生了意外的時候，可以用這筆人壽保險理賠金作為給妻兒子女的安家費。

保險業務員基於福先生這樣的想法下，評估了福先生財力與保費來源後。為福先生夫妻於民國九十五年十月起，為兩人各規劃了一份十五年期，年繳保費一百萬左右，基本保額兩千五百萬、每年增值 1.03%、第十五年會增額到

三千七百五十萬保額的終身壽險。

福先生由於貴為科技廠的研發副總，為公司研發了許多科技專利，且掌握了許多企業機密，是國家與公司重點培育人才。因此，公司為了預防挖角，特別為福先生以及其他高階人才設計了一套員工分紅配股計畫、以及每人五百萬元的壽險保障。每當公司執行購買庫藏股並提供給員工優先認股時，福先生總能夠獲得大量的認購權利。隨著福先生的年資與所購買的庫藏股及配股，再加上企業獲利成長，每年股價不斷的提升。福先生所擁有的股票市值也高達了一億元左右。

福太太平日在家相夫教子，閒暇無事的時候，就會買買股票做些投資。有時去銀行辦事的時候，理專總是慫恿福太太為先生多買些六年期或是兩年期儲蓄險。不知不覺中，福先生的壽險保障已經高達一億元左右，除了九十五年所購買的增額壽險外，大部分都是在銀行購買的短年期儲蓄險，也就是俗稱的「類定存保險」。

福先生的人生，就如同我們印象中的人生勝利組一樣，名校畢業留美歸國、有一份高所得且無法被取代的工作、住豪宅開名車、妻賢子孝。這是多少人夢寐以求的人生呀。

然而天不從人願，某日福先生在連續幾場的熬夜跨國會議中結束後，突然暈厥過去了。原來，福先生早有三高的問題，但因為工作繁忙、壓力又大，且公司的專案源源不絕的交付給他，福先生早以忽略了來自身體的警訊。

不久後，福先生因為急性心肌梗塞過世了。福太太在痛苦中也只能強打起精神，將先生的後事一件件辦妥。到了最後一件事，就是申報遺產稅時。福太太將相關的不動產與動產等權利以及債務填寫後，送交給國稅局申報遺產稅審核。

　　一段時間後，福太太收到了來自國稅局的「遺產稅額核定通知書」，當她看到核定金額後大受驚嚇。且國稅局臚列出了數筆人壽保險理賠被計入遺產總額。尤其是，九十五年所購買的增額壽險竟然也被計入。在這樣的情境下，福太太只能一方面向國稅局提出複查，同時也想辦法向親友借貸資金繳納遺產稅。

　　究竟福先生的保險規劃出了什麼問題？保險理賠金不是不用繳稅嗎？為什麼福先生的保險理賠全部都被計入遺產總額呢？我們來逐一解析：

　　福先生於民國九十五年投保增額壽險時，業務員建議以由福先生做為要保人與被保險人，福太太作為受益人。而福太太多年後在銀行所購買的短年期儲蓄險，多為一時衝動下所購買。理專為了能夠快速成交，就鼓催福太太將儲蓄轉入保險，除了可以賺利息，萬一先生走了還可以賺保險金。因此；保單關係人也是以福先生做為要保人與被保險人，福太太為受益人。

　　購買保險原本就是一件立意甚佳的好事，但問題出在銀行理專並不知道福先生在九十五年時，就已經購買了一筆保

額兩千五百萬元的增額壽險，經過了十四年如今保額已經高達三千六百多萬元了。當所有的保單保額加計起來時，總保額已經高達一億元了。

從福先生的保險規劃中，延伸出兩個問題：

一、保額超過基本所得額之特別保險給付額度：

民國九十五年一月起所購買的保險，要保人與受益人非同一人的保險理賠金，若超過一定的額度，必須要計入遺產總額。以目前的基本所得額～特別保險給付部分：每一申報戶超過新台幣三千三百卅萬元的身故保險金或是生存保險金（俗稱還本金），都是必須要計入遺產總額的。

而福先生當年所規劃的增額壽險，就是在該條例施行之後所購買，故當時他們所購買的保險，所產生的身故理賠金，是必須要計入遺產總額並向國稅局申報。而不能視為一般保險給付歸於免稅項目

基本所得額條例	
特別保險給付 ①要保人與受益人非同一人 ②包含生存給付與死亡給付	每一申報戶，超過新台幣千三百 卅萬部分納入基本所得額。
海外所得	新台幣一百萬元。
非現金捐贈部分 （股票、納骨塔、土地）	
私募受益憑證所得	
以上加總後，超過新台幣 670 萬部分須繳納 20% 基本所得額	

二、保險險種被歸類於實質課稅

增額壽險的身故保險金，應該全額計入遺產總額或是部分計入遺產總額？根據近期的判例，國稅局對於傳統的增額壽險或是利率變動型增額壽險，其基本保額定額給付的部分，國稅局認定為民眾作為風險消化的規劃，可以適用保險法，其理賠金免計入遺產稅（仍不得超過基本所得額三千三百卅萬），而保險公司提供增額的部分，國稅局則視為民眾的儲蓄所得，就不適用保險法與遺產暨贈與稅法的保險金免稅的規定。其增額的部分均視為所得，須納入遺產總額並課徵遺產稅。

另外，福太太為福先生在銀行所購買的短年期儲蓄險，也適用上述的原則。國稅局認定福太太的投保動機並非是作為風險消化的規劃，純粹是為了賺取保險公司利息的動機下購買。因此，福太太在銀行所購買的保險，身故保險金全部都被納入遺產總額且課徵遺產稅。

從下列表格中，可以發現福太太在銀行所購買的保單，具有躉繳投保、密集投保、保費高於或等於保險給付等樣態，故其所購買的保險，自然不符合保險法中所規定，民眾以保險作為風險消化之規劃，而是明顯的具有儲蓄的性質。

保險實質課稅八大樣態
重病投保
高齡投保
躉繳保單
密集投保
舉債投保
巨額投保
保費高於或等於保險給付

除了上述的保險險種規劃錯誤導致要繳稅的問題之外，其實許多民眾還犯了一種嚴重的錯誤。由於早期保險公司，並不重視業務員的在稅法上的教育訓練，或只重視銷售績效，卻沒有思考到顧客的財務風險與管理，甚至沒有事先為顧客做保單健檢。以至於在填寫保險關係人時犯了嚴重的錯誤。

　　早期許多業務員使用了所謂「三代保單」的話術，慫恿保戶以自己擔任要保人，子女作為被保險人，孫子女作為受益人。其好處就是自己繳費的階段，可以自己領本金並控制保險帳戶，等到有一天百年之後，還本金換子女領。最後子女百年之後由孫子女領死亡保險金。乍聽之下，真是一個好處多多的規劃。然而，業務員再運用話術慫恿保戶時，卻忽略了要保人身故後，「保單價值準備金」被歸為遺產總額內，並且保單價值是屬於全體法定繼承人公同共有。而不是像業務員所說，兒子就可以自動領或自動成為要保人等。

不當的三代保單話術

	要保人（父）	被保人（子）	受益人（孫）
繳費期間	領還本金	—	—
繳費期滿或要保人身故	—	繼承保單並領繼續還本金	—
被保險人身故	—	—	領死亡保險金

一、合宜的保險險種選擇方案

關於風險管理，政府是絕對鼓勵民眾，妥善運用保險作為風險消化的工具。然而這並不表示政府漠視民眾，鑽灰色地帶已「保險」為名，行「儲蓄」之實。

且近期國稅局的的稽徵案例，已經明確的將保險「增額給付」的部分定義為「儲蓄」。因此，身為專業的財務顧問師，會建議福先生在規劃保險時，應考慮以下險種：

預留稅源、保全資產的保險規劃	
高倍數型利率 變動型壽險	①所繳保費 X 10〜19 倍保障＝「期初」總保額。 ②以每年獲取之增值回饋金購買「增額繳清保險」。
平準型壽險	①未來應納遺產稅額或預計預留稅源之總額＝總保額
變額萬能壽險 （投資型）	①所繳保費 X 10〜19 倍保障＝「期初」總保額。 ②分離帳戶所獲取之所得，成為保障之一部分。

‧除了上述的險種建議之外，投保的年期應避免短於十年以下，以免被國稅局認定為「儲蓄」動機。

二、如何減少保險特別給付之稅額

　　基本所得稅額條例規定，特別保險給付在要保人與受益人非同一人下（包含死亡保險金與生存保險金）每「一申報戶」超過新台幣三千三百卅萬元需納入基本所得額。故由誰擔任要保人就需要妥善地思考了：

情境一

要保人	被保人	身故保險金受益人「平均給付」	免計入基本所得額度
福先生	福先生保額為一億	福太太	3,330 萬
		長子	3,330 萬
		次女	3,330 萬
節稅效果			共 9,990 萬免稅

情境二

要保人	被保人	身故保險金受益人「比例給付」	免計入基本所得額度
福先生	福太太保額為二億	福先生 70%	1.334 億
		長子 16.5%	3,330 萬
		次女 16.5%	3,330 萬
節稅效果			共二億免稅

三、之前規劃錯誤的保單如何處理：

對於福先生先前所規劃錯誤的保單，財務顧問師會依據保單的繳費狀況與保本率以及是否屬於計入基本所得額項目來給予不同的建議。

投保險種是否列入基本所得額之保險特別給付	
健康險、傷害保險	不列入基本所得額。
人壽保險 投資型、利率變動型、 增額型、平準型	要保人與受益人非同一人，且身故保險金超過 3,330 萬均計入。
年金保險	被保險人於領取年金期間身故，剩餘的未到期年金均會計入。

對於福先生先前所規劃錯誤的保單，財務顧問師會依據保單的繳費狀況與保本率以及是否屬於計入基本所得額項目來給予不同的建議。

錯誤規劃保單處置建議

```
┌─────────────────────────┐
┈┈┈┈┈┈┈┈┈┈┈┈┈┈┈  關係人填寫錯誤或購買      ┈┈┈┈┈┈┈┈┈┈┈┈┈
              屬實質課稅樣態保單
└─────────────────────────┘
```

提醒事項：

①不可更動要保人，否則構成贈與行為，須向國稅局申報。

②要保人死亡前兩年變動，需計入遺產總額。

③確認保險購買時間，民國 95 年 1 月後購買的保單才有基本
　所得額的問題。

建議處置：

①保單繳費期滿，且解約金大於所繳保費時可解約，運用解
　約金重新購買一份可合宜避免特別保險給付的險種與關係
　人規劃的保險。但請注意被保險人身體狀況與其他核保條
　件是否可以投保。程序上須先獲得新保險公司承保同意後，
　才能解除舊契約。

②保單尚未期滿，且仍在繳費中；建議向保險公司提出「降低至最低保額」申請。因提前解約可能會導致虧損，減額繳清期間若被保險人身故，亦有可能產生保險理賠金小於所繳保費狀況，故可選擇改為「降低保額」，可達到縮小保額與保費的目的，避免虧損之外，也減少未來計入遺產總額的額度。

③有多筆保單時：建議請財務顧問協助健檢全部保單，挑選哪些保單是必須要解約、哪些是必須要保留、哪些是必須要將低保額保額。

結論

　　國人購買保險的風氣十分的興盛，然而由於多數的保險業務員並沒有受過專業的財務顧問訓練，以及對於稅法的熟係。以致於在為顧客規劃保單時，給予顧客錯誤的保險險種與關係人填寫，包含繼承人的選擇等種種問題。

　　當保險理賠事故發生時，起初錯誤的規劃才會浮上檯面，並且造成繼承人的困擾甚至從原本免稅的規劃，變成要繳高額的稅金。因此，保險公司業務員甚至銀行理專，因錯誤的銷售被告的事件比比皆是。故財務顧問師在此建議所有的讀者，保險在投保前就必須要想清楚，投保的動機與藉由保險想要達成的目的，這樣才能選擇真正符合需求的保單，並且在某一日這份保單就會成為我們家庭的救生圈。

本篇故事涉及相關法律關係

1. 遺產繼承人

2. 特留分

3. 保險法

4. 基本所得額條例

5. 夫妻剩餘財產差額分配請求權

【本篇故事涉及相關法條：】

※ 民法第 1138 條（法定繼承人及其順序）

遺產繼承人，除配偶外，依左列順序定之：

一、直系血親卑親屬。二、父母。三、兄弟姊妹。四、祖父母。

※ 民法第 1139 條（第一順序繼承人之決定）

前條所定第一順序之繼承人，以親等近者為先。

※ 民法第 1144 條（配偶之應繼分）

配偶有相互繼承遺產之權，其應繼分，依左列各款定之：

一、與第一千一百三十八條所定第一順序之繼承人同為繼承時，其應繼分與他繼承人平均。

二、與第一千一百三十八條所定第二順序或第三順序之繼承人同為繼承時，其應繼分為遺產二分之一。

三、與第一千一百三十八條所定第四順序之繼承人同為繼承時，其應繼分為遺產三分之二。

四、無第一千一百三十八條所定第一順序至第四順序之繼承人時，其應繼分為遺產全部。

※ 民法第 1223 條（特留分之比例）

繼承人之特留分，依左列各款之規定：

一、直系血親卑親屬之特留分，為其應繼分二分之一。

二、父母之特留分，為其應繼分二分之一。

三、配偶之特留分，為其應繼分二分之一。

四、兄弟姊妹之特留分，為其應繼分三分之一。

五、祖父母之特留分，為其應繼分三分之一。

※ 遺產及贈與稅法第 17 條（遺產稅之扣除額）

左列各款，應自遺產總額中扣除，免徵遺產稅：

一、被繼承人遺有配偶者，自遺產總額中扣除四百萬元。

二、繼承人為直系血親卑親屬者，每人得自遺產總額中扣除四十萬元。

其有未滿二十歲者，並得按其年齡距屆滿二十歲之年數，每年加扣四十萬元。但親等近者拋棄繼承由次親等卑親屬繼承者，扣除之數額以拋棄繼承前原得扣除之數額為限。

三、被繼承人遺有父母者，每人得自遺產總額中扣除一百萬

元。

四、第一款至第三款所定之人如為身心障礙者保護法第三條
規定之重度以上身心障礙者，或精神衛生法第五條第二項規
定之病人，每人得再加扣五百萬元。

五、被繼承人遺有受其扶養之兄弟姊妹、祖父母者，每人得
自遺產總額中扣除四十萬元；其兄弟姊妹中有未滿二十歲者，
並得按其年齡距屆滿二十歲之年數，每年加扣四十萬元。

六、遺產中作農業使用之農業用地及其地上農作物，由繼承
人或受遺贈人承受者，扣除其土地及地上農作物價值之全數。
承受人自承受之日起五年內，未將該土地繼續作農業使用且
未在有關機關所令期限內恢復作農業使用，或雖在有關機關
所令期限內已恢復作農業使用而再有未作農業使用情事者，
應追繳應納稅賦。但如因該承受人死亡、該承受土地被徵收
或依法變更為非農業用地者，不在此限。

七、被繼承人死亡前六年至九年內，繼承之財產已納遺產稅
者，按年遞減扣除百分之八十、百分之六十、百分之四十及
百分之二十。

八、被繼承人死亡前，依法應納之各項稅捐、罰鍰及罰金。

九、被繼承人死亡前，未償之債務，具有確實之證明者。

十、被繼承人之喪葬費用，以一百萬元計算。

十一、執行遺囑及管理遺產之直接必要費用。

被繼承人如為經常居住中華民國境外之中華民國國民，或非

中華民國國民者，不適用前項第一款至第七款之規定；前項第八款至第十一款規定之扣除，以在中華民國境內發生者為限；繼承人中拋棄繼承權者，不適用前項第一款至第五款規定之扣除。

※ 遺產及贈與稅法第 13 條（稅率）

遺產稅按被繼承人死亡時，依本法規定計算之遺產總額，減除第 17 條、第 17 條之 1 規定之各項扣除額及第 18 條規定之免稅額後之課稅遺產淨額，依下列稅率課徵之：

一、5,000 萬元以下者，課徵百分之 10。

二、超過 5,000 萬元至 1 億元者，課徵 500 萬元，加超過 5,000 萬元部分之百分之 15。

三、超過 1 億元者，課徵 1,250 萬元，加超過 1 億元部分之百分之 20。

※ 民法第 1030-1 條（夫妻剩餘財產差額分配請求權）

法定財產制關係消滅時，夫或妻現存之婚後財產，扣除婚姻關係存續所負債務後，如有剩餘，

其雙方剩餘財產之差額，應平均分配。但下列財產不在此限：

一、因繼承或其他無償取得之財產。

二、慰撫金。

依前項規定，平均分配顯失公平者，法院得調整或免除其分

配額。

第一項請求權，不得讓與或繼承。但已依契約承諾，或已起訴者，不在此限。

第一項剩餘財產差額之分配請求權，自請求權人知有剩餘財產之差額時起，二年間不行使而消滅。自法定財產制關係消滅時起，逾五年者，亦同。

※ 基本所得額條例第 12 條

（一）綜合所得淨額（即一般結算申報書中稅額計算式之 AE 或 AJ ＋ AL 金額）。

（二）海外所得：指未計入綜合所得總額之非中華民國來源所得及香港澳門地區來源

所得，一申報戶全年合計數未達 100 萬元者，免予計入；在 100 萬元以上者，應全數計入。

（三）特定保險給付：受益人與要保人非屬同一人之人壽保險及年金保險給付，但死

亡給付每一申報戶全年合計數在 3,330 萬元以下部分免予計入。

（四）私募證券投資信託基金受益憑證之交易所得。

（五）申報綜合所得稅時減除之非現金捐贈金額。

（六）綜合所得稅結算申報時，選擇分開計稅之股利及盈餘合計金額。

故事
Story
| 十三 |

隱匿資產的鉅額損失，
以人頭帳戶為例

◎摘要

「繳什麼稅！我都把錢放在銀行的保險箱、買鑽石、或用我家
人的名義把錢存在他們的戶頭」！這樣國稅局怎麼查得到。「而
且，我們又是做自費門診，國稅局是無法從健保給付抓到我們
實際的收入呀」。「把錢藏在窮親戚身上，就不用繳稅啦」！
這樣的想法，羊醫師竟然聽進去了。

羊醫師出生於杏林世家，自小就在父母刻意的栽培下，希望有朝一日能夠繼承家族衣缽，成為懸壺濟世的醫生。由於羊醫師自小耳濡目染父母的行醫過程，也認同這個人生的目標與志向。羊醫師不負期待，也終於從醫學院畢業，並且成為了合格的中醫師。

　　雖然工作是行醫，但羊醫師亦頗有生意頭腦。在報考醫學院時，就決定選擇中醫科。而執業後，除了一般的高血壓、糖尿病、免疫系統的療程外，也特別開立了自費的「減肥門診」，當然許多昂貴的藥費，都是由看診的民眾自費購買。

　　「原來看中醫，也是可以減肥呀！」、「中醫減肥效果很好唷！」。在許多民眾口耳相傳下，「減肥門診」意外地引起轟動！每天絡繹不絕求診的民眾，幾乎塞爆了羊醫師的診所。僅是「減肥門診」一項，一天竟然可以掛到二百多診！

　　不僅如此，因為「減肥門診」一砲而紅的羊醫師，在家族也引起了熱烈的討論，每當家族聚會時，許多也從事醫療的堂兄弟姊妹，也紛紛地打聽這項生意。甚至；連父執輩都以半開玩笑的口吻詢問；「小羊呀！現在診所每天都滿診，有機會拉拔一下你的弟弟妹妹吧」！或是說：「小羊呀！伯伯從你小的時候，就知道你聰明。如果要擴大診所規模，伯伯也投資你好嗎？」

　　羊醫師，並沒有因此而自滿。因為同樣在從事「中醫減肥」的醫師也不少，他必須要更加的努力與鑽研醫術，才能

帶給求診的患者更好的醫療品質。由於診所快速的竄起，幾年間羊醫師已經賺了很多很多錢，而關於理財的大小事從不過問，羊醫師就全權交給醫師娘來處理。

然而，每次參加醫師的年會與研討會時，醫師之間總會談到，某某大醫師被查稅了！某某醫師被罰稅了！甚至，在年會或醫師公會都會安排「如何節稅」的主題。在這樣耳濡目染之下，羊醫師也不得不也跟著思考起，資產該如何安排，才可以不要繳稅！

「當人有煩惱時，煩惱會接二連三跟著來」！羊醫師的好朋友這麼對他說。

「繳什麼稅！我都把錢放在銀行的保險箱、買鑽石、或用我家人的名義把錢存在他們的戶頭」！這樣國稅局怎麼查得到。「而且，我們又是做自費門診，國稅局是無法從健保給付抓到我們實際的收入呀」。「把錢藏在窮親戚身上，就不用繳稅啦」！這樣的想法，羊醫師竟然聽進去了。

羊醫師，也覺得這麼做也蠻不錯的！他心想：我們夫妻也不懂投資，每次聽人家講買什麼，我們就賠什麼。買基金賠、買股票賠、拿去投資做生意也倒、買房子又聽說以後脫手要繳很高的稅。

「錢還是放在自己身邊最安全了」。於是，羊醫師夫妻，除了在自己的家中準備了一個德國進口的 155 公分 X 85 公分的防火防爆保險櫃。便於將每天收入的現金存入外，還在離

診所不遠的附近好幾間銀行，租用了保險箱。將每次累積到一定金額的收入，拿去購買鑽石或昂貴手錶之後，存放在銀行保險箱中。

不僅如此，在醫師娘遊說下，羊醫師也同意用醫師娘的父親與母親，還有醫師娘弟弟的名義，不定期的存入大筆的金額。當然也包括他們自己的兩個小孩。而且還用兩個未成年子女的名義，購買目前價值五千萬的診所，以及價值兩千萬左右的房屋作為居住地。醫師娘的財務管理方法，看似在分散風險，但或許這也是醫師娘對於婚姻的不安全感之下，所做的安排。然而，醫師娘的做法已經造成了許多不可彌補的錯誤。

這幾年間，醫師娘揮霍的手筆，怎麼會不在親人之間傳開呢？醫師娘的表弟，知道了這件事。醫師娘的表弟是境外保單的掮客，當他知道表姐夫這麼有實力之後，他就打起銷售境外保單給他們的主意。

「你知道嗎？我推薦給你的這家保險公司，全世界排名前十名。而且保單利率竟然有 8%。在台灣你去哪裡找這種投資工具呀！」、「這家保險公司很穩的，你去入口網站打公司名字，一定找得到！」、「這是穩賺不賠的，而且十年後你就可以領回本金的好幾倍呀！」、「而且，我還會招待你們去香港開戶，你也可以跟表姐夫去渡個假呀！」，表弟這麼煽動著醫師娘與羊醫師。

在人情攻勢與表弟的好口才下，羊醫師夫妻心動了。

不然，「就賭一把好了！」我們存個五百萬試看看，如果真的出事了，就當作做公益好了。於是，羊醫師夫妻就在表弟的安排下，前往了在香港中環地區的知名國際保險公司，當天完成了申請投保與體檢。而保險費，則透過表弟的安排下，已化整為零的方式，每筆已不超過台幣五十萬元的方式，螞蟻搬象的逐筆匯入香港的保險公司帳戶。

這一切的安排，羊醫師夫妻滿意極了。每當他們在年會中或是醫師的聚會中，聽到哪一位醫師又被國稅局盯上時，他可不害怕。「嘿、我跟太太名下的財產就這麼點，銀行也沒放多少錢！我看國稅局怎麼查」。羊醫師頗為得意呢。

某日，醫師娘氣急敗壞地告訴羊醫師。國稅局認為羊醫師有短報所得稅的嫌疑，要求羊醫師前往國稅局審查三科說明。

原來，羊醫師的診所早已被國稅局盯上了。原來，羊醫師的診所早已被眼紅的同業與正義民眾檢舉「逃漏稅了！」。

國稅局除了派員在診所外「按碼表」紀錄求診人數外，也行文健保局提供該診所的就診量。經過調查，羊醫師診所每日的掛號診量與絡繹不絕的自費求診患者數，有明顯的短報所得的事實。而且，國稅局還向銀行調出了近幾年，從羊醫師名下匯款到醫師娘的父、母與弟弟，以及兩名子女的匯款紀錄。當然，羊醫師匯款完後，並沒有主動向國稅局申報

贈與。而每年匯出的總金額都高達四、五百萬元。已經遠遠超過民眾每年 220 萬贈與免稅額度。同時，國稅局還從銀行調出了匯往海外，沒有申報購買境外保險的資金。

收到了國稅局的補稅單與罰單總額之後，羊醫師倒抽了一口氣。「天啊！我要白做工兩年了」！不僅如此，未來的幾年間，羊醫師的診所都是國稅局列為「重點輔導」的對象。羊醫師事後想想，回憶說：「我怎麼這麼天真呀！我再怎麼藏錢，政府怎麼會不知道！」

之後，羊醫師決心要好好為自己診所，稅務與資產傳承做一個妥善的規劃。於是經過被財務顧問輔導過的其他醫師介紹。在接受委託之後，給予羊醫師一些整理與建議。

★本案羊醫師，究竟有哪些行為是違法呢？而後續的影響性又如何呢？我們作出以下的分析：

資金轉存、人頭帳戶

洗錢防制法新制已於 106 年 6 月 28 日正式上路。另行政院於 106 年 3 月 16 日，成立「行政院洗錢防制辦公室」運用人頭帳戶。進行租稅規避，或逃漏稅捐，所衍生的洗錢行為，可能構成洗錢罪。而且金融機構（銀行、證券公司…）必須保存及揭露更多資訊，國稅局將更能掌握相關逃漏稅資料。

羊醫師轉存到父親、母親、太太以及弟弟、與二個小孩的帳戶。表面上看沒問題，但卻未考慮到國稅局，會勾稽父親、母親、太太的職業收入，和他們的帳戶中的存款，是否合理？

　　國稅局可從利息所得，反推銀行存款的總額後，再依照職業與歷年所得，就可以判斷是否被利用為人頭戶。倘若有成為逃漏稅的事實，甚至有洗錢的事實時，除了罰金之外，還會有刑責。

　　資產存放銀行保管箱

　　羊醫師如果身故，醫師娘無法自由的開啟銀行保管箱。若想要開啟保管箱，必須要要填寫「派員會同開啟保管箱申請書」，送交羊醫師生前戶籍所在地國稅局。雙方約定時間後至銀行，會同開啟保管箱點驗、登記後，由國稅局人員開立保管箱清冊，一聯交予醫師娘，以作為申報遺產稅之用。也就是說，存放在銀行保管箱的財產，是必須要計入遺產總額的。

　　因此，資產存放在保管箱最大的風險，就是你以為資產藏起來了，但沒有國稅局的同意，銀行是不會允許繼承人取用保管箱的。

購買境外保單

購買境外保單有幾項風險：

①由於這些公司設立於中華民國境外，因此不受中華民國金管會的監管，也就是無法保障到消費者的權益。倘若保險業發生了倒閉會遭購併，以至於影響到保險權益時，將不會有政府公權力給予保護，以及保險安定基金保障。

②契約條款通常為英文製發，若沒有提供中文譯本，或是保戶英文能力不佳，有可能因為不黯契約條款，以致權益遭受影響。若有投保糾紛時，必須要自行申訴或是提起訴訟。

③未來若要申請理賠或是契約變更服務時，都必須要要保人自行接洽與處理。由於在台灣銷售境外保單是有刑責的，因此當初引薦購買境外保單的人，往往銷售後就消失了！

④境外保單身故保險金所得，不適用保險法第112條，免計入遺產所得。也就是說，受益人所獲得的身故保險金，將視為「海外所得」須計入「基本所得額條例」，需繳交所得稅金。

海外匯款

雖然羊醫師採小額匯款的方式將美元匯到國外，但是國外匯款的三聯單，必須永久保留一聯在央行，且匯款單必須填上受款人的資料及國外帳號，通常央行會將匯款存根聯轉供稅捐機關查稅用。如果認為，透過國外匯款買境外保單可

以隱藏資金以致沒有申報,被國稅局查獲時,即屬漏報除補稅外,必須加上處罰。

以未成年子女購買不動產

以未成年子女購買不動產,將面臨到的問題為:

①父、母各自提供「未超過」每年 220 萬元資金購屋(220X2=440)時,雖然符合贈與免稅的額度,然而子女屬於無償取得資產。未來該資產要出售時,子女將依照當時售屋的總額減去取得成本,繳納所產生的極高額所得稅。

②父、母各自提供「超過」每年 220 萬元資金購屋(220X2=440)時,超過的部分均視為贈與。必須於贈與行為發生後卅日內完成申報,否則就會有逃稅的事實。因此,以子女的名義購屋,是必須要謹慎評估的。

結論

　　目前有許多企業負責人、醫師、高資產的人士，在處理財務與規劃時，未依循合法合規的管道，以致於後續衍生出許多的法律與稅務問題，實在不得不留意。若輕易聽信錯誤的資訊，將會得不償失，不僅失去了原本資產規劃的本意，還會面臨鉅額的罰金與刑責，實在得不償失。

　　因此，財務顧問會建議有資產規劃與傳承的顧客，必須要先盤點診所與個人的資產，以及金流、稅務狀況等，提供一套完整且系統性的建議，確保顧客能夠合法的節省稅金，又能達到理財與風險規避的目的。

　　畢竟，本案羊醫師的專業是在經營診所，若能將心思放在如何將診所發揚光大，而把稅務與財務這部分交給專業的財務顧問團隊，在彼此相互的信任與合作之下，相信診所的業務一定能夠蒸蒸日上，而且財富能夠累積與傳承。

本篇故事涉及相關法律關係

1. 洗錢防制法
2. 銀行辦理保管箱自律規範
3. 保險法

【本篇故事涉及相關法條：】

※ 洗錢防制法

第 2 條

本法所稱洗錢，指下列行為：

一、意圖掩飾或隱匿特定犯罪所得來源，或使他人逃避刑事追訴，而移轉或變更特定犯罪所得。

二、掩飾或隱匿特定犯罪所得之本質、來源、去向、所在、所有權、處分權或其他權益者。

三、收受、持有或使用他人之特定犯罪所得。

※ 銀行辦理保管箱自律規範

第 15 條（繼承手續）：

銀行受理繼承人或利害關係人申辦領取被繼承人保管箱置放物，應徵提相關證明文件辦理繼承手續，並經繼承人或利害關係人通知稅捐稽徵機關會同點驗、登記後，始得由繼承人或利害關係人領回。

※ 保險法

第 167 條之 1：

為非本法之保險業或外國保險業代理、經紀或招攬保險業務者，處三年以下有期徒刑，得併科新臺幣三百萬元以上二千萬元以下罰金；情節重大者，得由主管機關對保險代理人、經紀人、公證人或兼營保險代理人或保險經紀人業務之銀行停止一部或全部業務，或廢止許可，並註銷執業證照。

法人之代表人、代理人、受僱人或其他從業人員，因執行業務犯前項之罪者，除處罰其行為人外，對該法人亦科該項之罰金。

未領有執業證照而經營或執行保險代理人、經紀人、公證人業務者，處新臺幣九十萬元以上九百萬元以下罰鍰。

故事
Story
十四

運用保險預留週轉資金
與遺產稅源

◎摘要

某日，公孫先生在巡視工廠時，由於一時不慎，從機台上摔落
而死亡，霎時之間，整個公司立刻就陷入慌亂之中。「老闆死
了，公司會不會倒呀！」、「薪水會不會發不出來呀！」、「我
都做了幾十年了，會不會領不到退休金呀！」，公司不斷地傳
出了許多的耳語，員工們人心惶惶。

公孫先生夫妻，創立了在台灣首屈一指的模具王國。公司成立了將近卅年，由於技術精湛，他們所生產的模具，硬是比其他同業所生產的模具，在耐用比率上能多出數萬次。因此，他們的模具產品頗受好評，甚至外銷到海、內外，公司更拿下國際許多的精品大獎，由此可見，公孫先生夫妻是非常認真的在經營公司。

公孫太太除了協助先生經營管理公司之外，公司的財務也是由公孫太太在管理。由於理財有道，公孫太太運用公司的盈餘，投資了許多的產業。包含了許多不動產、國內共同基金、股票等。隨著公司的業務範圍拓展的海外，公孫太太的投資也往海外去發展，包括在海外購買基金等。

短短卅年，公司在公孫先生夫妻同心協力之下，創業有成、理財有道，公司一片欣欣向榮。不僅如此，公孫先生夫妻也非常重視子女的教育。在他們的薰陶之下，他們的獨生女在美國完成了碩士學位，回國後在台灣的美商公司擔任主管。

由於公孫先生公司經營有道，因此在許多銀行都有極為龐大的資金在流通與存款。很快的，公孫先生公司就成為銀行眼中極力爭取的ＶＩＰ客戶。如我們所熟知的劇情，跟銀行打交道多是老闆娘在進行，所以很多理專，不斷向公孫太太推薦許多投資商品，因此公孫太太當時也買入了許多雷曼兄弟的連動債券。可想而知，在金融風暴時，公孫太太由於

避險不及，損失高達了 2000 萬元。當然，這件事公孫先生是不知道的。

雖然如此，公孫太太也是有正確的理財規劃。譬如，為自己與先生購買高額保險。在當時，有一位從理專轉戰保險業的壽險規劃師。由於本身是保險受益者，他明白保險是用最少錢、卻能移轉最高風險的金融工具。因此，每當他來拜訪公孫太太時，總會分享自身的保險見證，並且苦口婆心的勸說太太，必須要為自己以及先生，購買足額的保險。或許，是公孫太太疼惜這位壽險顧問，也可能因為在壽險顧問的說明下，幫助公孫太太認同了保險的功能。於是，公孫太太就前後為先生買了三千萬元的壽險。

時光飛逝，就在十多年之後的某日。公孫先生在巡視工廠時，由於一時不慎，從機台上摔落而死亡。霎時之間，整個公司立刻就陷入慌亂之中。「老闆死了，公司會不會倒呀！」、「薪水會不會發不出來呀！」、「我都做了幾十年了，會不會領不到退休金呀！」，公司不斷地傳出了許多的耳語，員工們人心惶惶。

公孫太太此時，必須要在最短的時間內穩定軍心，並且讓公司從新回到軌道上。因此，除了公孫先生的後事之外，更要緊的是讓公司營運恢復正常。因為，公孫太太相信，這才是她先生的志願。但該怎麼處理呢？還有遺產稅該怎麼處理？這些是公司的會計能夠幫忙處理嗎？還是要找外部的會

計師？

　當本案的公孫太太，經過介紹與財務顧問師聯繫及討論後，財務顧問即刻開始清查公孫先生的遺產與公司的現況：

①高雄市土地一筆，市價 1,000 萬元。
②高雄市房屋一筆，市價 3,000 萬元。
③持有公司未上市的股份，以每股面額十元計，價值 5,000 萬元。
④現金約 200 萬元。
名下合計總資產，大約 9,200 萬元。

　由於公孫先生夫妻從創業初期，就將所賺取的資金交由公孫太太管理。因此，主要的財產集中在公孫太太的身上，而公孫先生所持有的總資產，合計約 9,200 萬左右。

　經過估算，公孫先生的繼承人為公孫太太與獨生女。但由於公孫太太的資產高於公孫先生，因此不適用「夫妻剩餘財產差額分配請求權」，故合計應繳的遺產稅為：550 萬元左右。

　然而，還有一個很緊急的問題，就是公司的貨款與當月的員工薪水。公孫太太經由會計告知，下個月即將有一千萬元的貨款，支票要到期了。此外還有月初員工薪水大約兩百萬元左右。突如其來的資金缺口，讓公孫太太幾乎快要崩潰。

此時，財務顧問適時的提醒公孫太太。在財務顧問接受公孫太太委任時，曾經盤點過他們全家的總資產。在資產表裡記載著，公孫先生有多筆人壽保險，保額合計 3000 萬元。而這筆錢，只需要聯絡保險公司，併且提供死亡證明書、系統繼承表、受益人匯款的帳戶，大約一週以內的時間就可以完成賠付。聽到這個消息，公孫太太才猛然想起！「對唭！當時曾經跟壽險顧問購買多張保單」，「當時是因為想幫幫這個壽險顧問，沒想到我才是真正受幫助的人」。

就這樣在財務顧問協助下，很順利的在一週不到的時間內，壽險理賠金匯入了公孫太太的帳戶。而公孫太太就拿著這筆錢，支付了貨款與員工薪水，幫助了公司渡過了週轉不靈的困難，也換取足夠的時間讓公孫太太能夠去完成遺產的申報。

多年後，公孫太太回想起來，還好當年有準備高額的保險，而這筆錢可以在最快的時間領取到，完全的解決燃眉之急呀！如今公孫太太將公司經營得有聲有色，完全不輸當年公孫先生在管理時的績效。

從本案，我們可發現。許多的企業主忙於經營事業，卻忽略個人的風險管理規劃！因為企業主個人風險，是與公司的命運綁在一塊的。尤其台灣的中小企業主因為身體狀況倒了，公司也會跟著就垮了。還好，本案的主角具有風險意識，就算當初是為了要幫助別人，卻沒有想到，自己才是最終受

益人！這，就是保險的價值與功能。

節稅效果	・95年以後投保，要保人與受益人非同一人。人壽保險與年金保險身故理賠金超過3,330萬，將會計入基本所得額，繳交所得稅。
移轉效果	・保險受益人可以指定，並且不受應繼份與特留份限制。可以於身前約定受益人，將保險保額指定給單一、或特定受益人。
取得效果	・被保險人身故後，受益人持理賠申請書與死亡證明書、系統繼承表與受益人資料，通常在一週內即可取得理賠金。資金不因還未完稅而被凍結，可以快速地給受益人運用，解決燃眉之急或用來繳交遺產稅。

財務顧問會建議，我們在規劃壽險保障時，以年所得的十倍，作為保額的規劃！例如，公孫先生年收入 300 萬，那麼他的壽險保障至少要規劃 3,000 萬。這就是俗稱的「雙十法則」，也就是為遺族預留十年的生活資金或稅源。

結論

企業主在全力發展事業的同時，也必須要顧全「資產配置」、「風險管理」、「稅務規劃」等重要的議題。取得什麼樣的資產節稅效果最佳、以誰的名義取得、取得什麼樣的工具，都必須要有專家從旁建議。

企業主創業之路是艱難的，將事業圓滿的移交給下一代，亦不簡單！所謂的富不過三代，往往不是子孫不肖。有時，是因為企業家缺乏遠見，或是缺少了上述的資訊，以致錯過了規劃「資產傳承」的黃金時間。企業主若能善用財務顧問所提供的系統性諮詢服務，並且授權與委任，相信可以為資產傳承創造更好的效果。

本篇故事涉及相關法律關係

4. 保險法

5. 遺贈稅法

6. 基本所得額條例

【本篇故事涉及相關法條：】

※ 保險法第 112 條

保險金額約定於被保險人死亡時給付於其所指定之受益人者，
其金額不得作為被保險人之遺產。

※ 遺產及贈與稅法第 17 條（遺產稅之扣除額）

左列各款，應自遺產總額中扣除，免徵遺產稅：

一、被繼承人遺有配偶者，自遺產總額中扣除四百萬元。

二、繼承人為直系血親卑親屬者，每人得自遺產總額中扣除
四十萬元。

其有未滿二十歲者，並得按其年齡距屆滿二十歲之年數，每
年加扣四十萬元。但親等近者拋棄繼承由次親等卑親屬繼承
者，扣除之數額以拋棄繼承前原得扣除之數額為限。

三、被繼承人遺有父母者，每人得自遺產總額中扣除一百萬
元。

四、第一款至第三款所定之人如為身心障礙者保護法第三條
規定之重度以上身心障礙者，或精神衛生法第五條第二項規

定之病人，每人得再加扣五百萬元。

五、被繼承人遺有受其扶養之兄弟姊妹、祖父母者，每人得自遺產總額中扣除四十萬元；其兄弟姊妹中有未滿二十歲者，並得按其年齡距屆滿二十歲之年數，每年加扣四十萬元。

六、遺產中作農業使用之農業用地及其地上農作物，由繼承人或受遺贈人承受者，扣除其土地及地上農作物價值之全數。承受人自承受之日起五年內，未將該土地繼續作農業使用且未在有關機關所令期限內恢復作農業使用，或雖在有關機關所令期限內已恢復作農業使用而再有未作農業使用情事者，應追繳應納稅賦。但如因該承受人死亡、該承受土地被徵收或依法變更為非農業用地者，不在此限。

七、被繼承人死亡前六年至九年內，繼承之財產已納遺產稅者，按年遞減扣除百分之八十、百分之六十、百分之四十及百分之二十。

八、被繼承人死亡前，依法應納之各項稅捐、罰鍰及罰金。

九、被繼承人死亡前，未償之債務，具有確實之證明者。

十、被繼承人之喪葬費用，以一百萬元計算。

十一、執行遺囑及管理遺產之直接必要費用。

被繼承人如為經常居住中華民國境外之中華民國國民，或非中華民國國民者，不適用前項第一款至第七款之規定；前項第八款至第十一款規定之扣除，以在中華民國境內發生者為限；繼承人中拋棄繼承權者，不適用前項第一款至第五款規

定之扣除。

※ 保險法第 112 條（保險金免計入遺產）
保險金額約定於被保險人死亡時給付於其所指定之受益人者，
其金額不得作為被保險人之遺產。

※ 基本所得額條例第 12 條
（一）綜合所得淨額（即一般結算申報書中稅額計算式之 AE
或 AJ ＋ AL 金額）。
（二）海外所得：指未計入綜合所得總額之非中華民國來源
所得及香港澳門地區來源所得，一申報戶全年合計數未達
100 萬元者，免予計入；在 100 萬元以上者，應全數計入。
（三）特定保險給付：受益人與要保人非屬同一人之人壽保
險及年金保險給付，但死亡給付每一申報戶全年合計數在
3,330 萬元以下部分免予計入。
（四）私募證券投資信託基金受益憑證之交易所得。
（五）申報綜合所得稅時減除之非現金捐贈金額。
（六）綜合所得稅結算申報時，選擇分開計稅之股利及盈餘
合計金額。

故事
Story
十五

企業主退休
與傳承規劃之財稅報告

◎摘要

客戶時女士目前年齡４８歲，與先生共同經營物流運輸企業。
由於年輕時打拼事業，近期罹患了癌症。而先生也有慢性病纏
身。此時，事業已經不是他們的首要目標了，他們夠在乎的是，
如何過好下半輩子。

先生目前年齡５４歲，預計目標為５年後能夠達成退休目標。
客戶時女士，則計劃５年後與先生一同退休。並且達到每人退
休後有五萬元的退休要求。

一、背景介紹

委託人背景介紹

時女士由於過去曾有不佳的理賠糾紛，因此對於保險不信任。因此；與柏先生目前沒有購買壽險與醫療保險。目前僅有服務公司的團體保險。

另根據客戶自述；退休後目標每個月、每人能夠各有新台幣五萬元退休費用。然而客戶並未考量到未來的通貨膨脹，因此在預故月退休及時，過於樂觀。

（１）客戶目標，希望能夠進行依診斷家庭財務狀況，於先生年齡６０歲退休時（五年後）每月開始領取退休金。
（２）客戶目標，希望在領取退休金同時，若不幸身故，能將尚未領取的退休金全額移轉給子女，達成合法節稅之資產移轉計畫。

現依照與顧客深入討論目標後，開始進行家庭財務結構診斷與退休財務規劃

家庭成員簡介：

稱謂	年齡	職業	相關背景	理財觀念
柏先生	54	物流業	企業負責人	保守型
時女士	48	物流業	企業老闆娘	保守型
兒子	22	就業中	上班族	無理財觀念

二、財務目標設定

柏先生成立一家物流運輸企業，負責載運國內多家大型連鎖賣場之貨品。公司於接獲訂單後，便由各物流中心配送到委任企業的各地超市。時女士則擔任公司的會計工作，協助先生管理企業的帳務與人力資源等業務。

柏先生的年薪資所得約二百萬元，時女士年薪資所得約五十萬元。由於公司經營得體財務狀況穩健，成立已經十七年，企業蓬勃發展。柏先生年度分紅約有一百萬左右。時女士則無年度分紅。

然而由於柏先生、時女士年輕時投入大量心力在企業上，導致夫妻身體均有體況，因此萌生提前退休之意。並欲將公司經營權轉讓給其他股東。

　　柏先生與時女士目前居住在高雄市仁武區，目前自住於一棟四層樓的透天房屋。由於時女士之前希望能夠提早退休，擔心未來退休後無法負擔房貸或房租的經濟壓力，故將大部分存款約三千萬元左右，以現金方式購買目前自住的房屋。

　　時女士的兒子因剛大學畢業，目前服務於一般中小企業擔任文職工作，月收入兩萬四千元，未婚。因時女士兒子已成年且就業，經討論後不在本次財務規劃範圍內。

　　經過與時女士深入討論後，了解時女士的想法，希望藉由較為保本安全的方法達成退休計畫。由於過去曾經聽信理專的建議，購買了連動型債券商品，雖然獲取到利息，然而本金卻有所虧損。經此經驗後，客戶對於投資型商品便產生排斥。因此；目前主要理財方式僅使用定存。

　　然而時女士夫妻開始計畫退休後，目前也開始參考不同的理財工具，包含保險、定存、股票或是 ETF 等金融工具，試圖達到安穩退休、年老無虞，同時又能財務自主的目標。

　　經過與顧客深談，了解目前最主要目標，是希望能夠創造出一個「毫無風險」，且可以「保證還本」養老的機制，並且能在身故後將資產移轉至下一代。以至於可以在５５歲退休時，達成退休生活完成人生夢想。

與客戶討論後所設定短、中、長期財務目標表：

時間	財務目標	財務目標說明
短期	累積退休目標	４８～５５歲期間，透過現有儲蓄約四百萬開始累積，未來能夠累積足夠退休資產。
中期	達成資產累積	５５歲達成累積退休資產目標，達成財務自由，並正式退休。
長期	退休開始	５６～９０歲開始享受退休養老生活。

三、家庭財務資料收集

工作收入	每年	每月	年比重
· 薪資	2,500,000	208,300	70%
· 佣金	—	—	0%
· 獎金	—	—	0%
· 紅利	1,000,000	—	28%
· 年終獎金	—	—	0%
· 其他	—	—	0%
◎工作收入總額	3,500,000	208,300	99%

理財收入	每年	每月	年比重
· 利息	48,000	—	1%
· 保險滿期金	—	—	0%
· 基金配息	—	—	0%
· 股利	—	—	0%
· 租金收入	—	—	0%
· 資本利得	—	—	0%
· 其他	—	—	0%
◎理財收入總額	48,000	—	1%

其他收入	每年	每月	年比重
· 退休金	—	—	0%
· 撫恤金	—	—	0%
· 其他	—	—	0%
◎其他收入總額	—	—	0%

※ 總收入 (1)

每年：3,548,000

每月：208,300

年比重：100%

● 基本支出	每年	每月	年比重
1. 食小計	360,000	30,000	15%
2. 衣小計	120,000	10,000	5%

3. 住	每年	每月	年比重
· 房租	—	—	0%
· 房貸	—	—	0%
· 房屋保險	23,000	—	1%
· 水電瓦斯電話	24,000	2,000	1%
· 房屋稅 / 地價稅	8,500	—	0%
· 保全費用	22,800	1,900	1%
△住小計	78,300	3,900	3%

4. 行	每年	每月	年比重
· 車貸	—	—	0%
· 車險	60,000	—	2%
· 油料費	60,000	5,000	2%
· 保養修理費	40,000	—	2%
· 牌照稅 / 燃料稅	40,000	—	2%
· 停車費	5,000	—	1%
· 交通費	—	—	0%
· 其他費用	—	—	0%
△行小計	205,000	5,000	9%

5. 育 - 進修費用小計			0%

6. 樂	每年	每月	年比重
· 娛樂休閒	—	—	0%
· 交際公關費	80,000	—	3%
· 觀光旅遊	150,000	12,500	6%
△樂小計	230,000	12,500	9%

7. 保險費	每年	每月	年比重
· 社會保險	44,000	3,666	2%
· 人壽保險	—	—	0%
· 其他	—	—	0%
△保險費小計	44,000	3,666	2%

8. 個人所得稅	每年	每月	年比重
· 所得稅 (公司代扣)	250,000	—	10%
· 所得稅 (年度繳納)	60,000	—	2%
△所得稅小計	310,000	—	12%

◆ 家庭可支配餘額
= (1) − (2)

- **每年結餘**　　1,140,700
- **每月結餘**　　138,234
- **平均每月結餘**　95,058

◆ 收入結構比
（收入 / 總收入）

- **工作收入佔**　99%
- **理財收入佔**　1%
- **其他收入佔**　0%

◆ 支出結構比
（支出 / 總收入）

- **生活支出佔**　28%
- **保費支出佔**　1%
- **個人所得稅佔**　9%
- **借貸支出佔**　0%
- **儲蓄支出佔**　28%
- **理財支出佔**　0%
- **其他支出佔**　2%
- **自由儲蓄佔**　32%

● 基本支出

	每年	每月	年比重
9. 其他借貸	—	—	0%
10. 儲蓄（無風險）	1,000,000	—	42%
11. 理財支出			
· 定期定額投資	—	—	0%
· 投資型保險費	—	—	0%
· 跟會（活 / 死會）	—	—	0%
△ 理財支出小計	—	—	0%
● 基本支出總額	2,347,300	65,066	98%

● 其他支出

	每年	每月	年比重
12. 其他支出			
· 醫療費用	60,000	5,000	2%
· 十一 / 捐贈	—	—	0%
· 奉養金	—	—	0%
· 年節紅包	—	—	0%
· 其他	—	—	0%
● 其他支出總額	60,000	5,000	2%

※ 總支出 (2)

每年：2,407,300

每月：70,066

年比重：100%

收入支出分析圖表

收入類別	每年	每月	年比重
1. 工作收入總額	3,500,000	208,300	99%
2. 理財收入總額	48,000	-	1%
3. 其他收入總額	-	-	0%
總收入	3,548,000	208,300	100%

年收入比重圖

工作收入總額　　　　理財收入總額　　　　其他收入總額

委託人支出概況：

	每年	每月	年比重
	● 基本支出		
1. 食	360,000	30,000	15%
2. 衣	120,000	10,000	5%
3. 住	78,300	3,900	3%
4. 行	205,000	5,000	9%
5. 育			0%
6. 樂	230,000	12,500	10%
7. 保險費	44,000	3,666	2%
8. 個人所得稅	310,000		13%
9. 其他借貸			0%
10. 儲蓄 (無風險)	1,000,000		42%
11. 理財支出			0%
	●其他支出		
12. 其他支出	60,000	27,500	2%
※ 總支出 (2)	2,407,300	92,566	100%

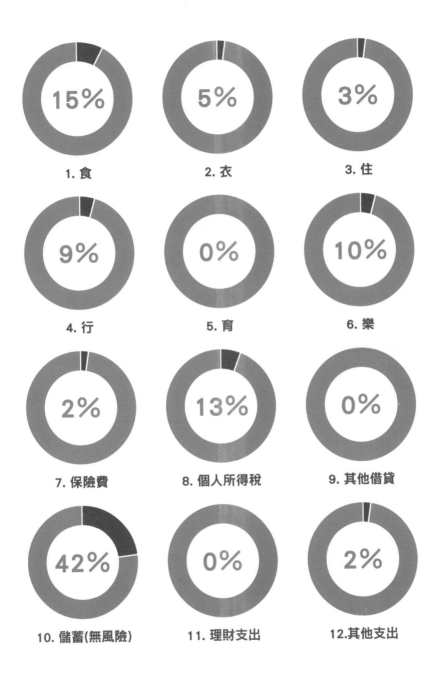

四、財務資料分析與診斷

依照客戶時女士所提供資料；做出下列分析與建議；

（1）家庭財務結構

目前均為正資產，（公司股權與股利，台幣定存與澳幣存款及不動產），屬於財務穩健之家庭。

（2）年收入

夫妻合計年薪為二百五十萬元，每年分紅一百萬元。另有銀行台幣定存與澳幣定存，合計四百萬元。年利息約四萬八千元左右。目前無其他投資管道。家庭總收入為三百五十四萬八千元整。

（3）年支出

家庭食、衣、住、行等全體支出，合計為二百四十萬七千三百元整。

（4）財務需求

目前客戶時女士的資產管理，屬於過度保守的配置，因此資產的活化性與規劃，均未考慮到退休後的通貨膨脹等變異數。因此；若設定每人每月養老費用為新台幣五萬元，在

通貨膨脹率 3% 逐年增加的狀態下（設；已經有其他定期性的現金流應為足夠），再加上勞保的退休金（以投保年資 30 年，平均投保薪資 45,800 元，每月可領取退休金為 17,038 元。每人每月應當預備退休金至 50,000 元，尚不足 32,962 元（退休金目標 50,000 元 + 勞退 17,038=32,962 元）

　　＊目前退休養老計畫，無法支持兩人同時退休。

　　註：勞退金為假設狀況下。

（5）家庭風險保障

　　身為家庭支柱的柏先生目前沒有壽險保障。時女士目前也沒有壽險保障。

　　A：依照柏先生與時女士目前的資產狀況分析，現有總資產市值高達 4,400 萬[2]，與現行遺產稅一千二百萬的免稅額下；未來勢必將會出現，由於未事先預留稅源，導致生前累積的財富（動產與不動產）將無法全額或是順利轉移給子女，而遭至遭遇國稅局凍結資產，因此必須要透過壽險來預留稅源。經估算後依照目前財務狀況，柏先生遺產稅為新台幣 1,034,000 元，雖然時女士目前免遺產稅。但若是柏先生

註 2

業主資產總市值為 4,400 萬，房屋市值為 3,000 萬元。惟計算遺產稅額時房屋係以評定價值為準，故房屋價額以 21,427,869 元計算。

身故後，時女士為財產受益人，因此；柏先生需透過規劃至少二百萬的壽險保障，做為稅源之預留，時女士也必須要規劃同額的壽險保障。以利資產傳承。

　　B：依照遺產稅「三級累計稅率」；在退休前五年，若因無知而持續累進財富時，遺產稅將會持續增加。建議；從即日起，必須要避免購買不動產。而將現金轉入保險等節稅工具，同時達成退休養老目標。

遺產稅試算表（現）

一、遺產總額		
	柏先生	時女士
1 房屋（以評定表準價格為準）	21,427,869 元	—
2 土地	0 元	—
3 動產及其他有財產價值權利（存款或債權）	0 元	5,000,000 元
4 公司獨資合夥出資股份或上市櫃公司股票	8,000,000 元	0 元
5 現金、黃金其他財產或權利	0 元	0 元
6 死亡前兩年贈與財產	0 元	0 元

二、免稅額	
	柏先生
12,000,000 元	12,000,000 元　　12,000,000 元

三、扣除額		
	柏先生	時女士
1 配偶扣除額（被繼承人遺有配偶者）	1 人	1 人
2 直系血親卑親屬扣除額	1 人	1 人
3 父母扣除額	0	0
4 身心障礙扣除額	0	0
5 扶養親屬扣除額	0	0
6 繼續經營農業生產扣除土地及地上農作物價值全數	0	0
7 死亡前 6 至 9 年內繼承已納遺產稅之財產	0	0
8 死亡前應納未納之稅捐、罰鍰、罰金	0	0
9 死亡前未償債務	0	0

	柏先生	時女士
10 喪葬費	1,230,000 元	1,230,000 元
11 執行遺囑及管理遺產之直接必要費用	0	0
12 公共設施保留地扣除額	0	0
13 民法第 1030 條之一規定剩餘財產差額分配請求權	0	0

四、扣抵稅額

	柏先生	時女士
1 二年內贈與已繳納之贈與稅與土地增值稅	0	0
2 在國外繳納之遺產稅	0	0

應納稅額

	柏先生	時女士
	1,034,000 元	0

夫妻行使剩餘財產差額分配請求權試算：

	柏先生	時女士
婚前財產	無	無
婚後財產	29,424,869 元	5,000,000 元
婚後財產加總	**34,424,869 元**	**34,424,869 元**
財產均分	17,212,434.5 元	17,212,434.5 元
請求權	—	12,212,434.5

註：房屋價值以評定現值計算。

★效果試算一：

　　依夫妻行使剩餘財產差額分配請求權試算後，若柏先生不幸先離世，生存一方的時女士可向國稅局申請主張行使剩餘財產差額分配請求權。在柏先生夫妻目前現有財產規模，與現行遺產稅負制度之下，時女士之繼承納稅義務人，將不需要繳納遺產稅金。

　　同時；生存的配偶可以自行向國稅局提出扣除該差額的請求，不須再檢附全體繼承人的同意書。

★效果試算二：

　　若時女士先離世，將由柏先生取得行使剩餘財產差額分配請求權權利，此時便會產生稅負之變化。

　　雙方婚後財產加總 34,424,869 元－時女士婚後財產 5,000,000 元之 2/1 ＝柏先生總資產為 31,924,869 元。

　　依現行遺產稅制，資產原本較多的柏先生在行使請求權後，未來離世後。其繼承之納稅義務人所應繳納的遺產稅額高達 1,326,486 元

　　C：目前柏先生與時小姊無規劃重疾保險與長期照護，若因癌病或老年退化後所產生的疾病，將在無醫療保障、與長期照護資源下，提前消耗掉原本預存的養老金進而必須要變賣資產。

（6）投資屬性分析

　　根據客戶時女士的口述需求，應當屬於保守型投資人，但過去著重在於現金或是定存等商品理財。

　　雖然理財方式已經累積相當財富，但面對老年老化的風險與退休養老規劃，處於過晚規劃，且將稅務風險、疾病殘廢風險完全自留的狀況。

　　未來；勢必會出現因稅務風險與疾病風險導致財富縮水的危險。

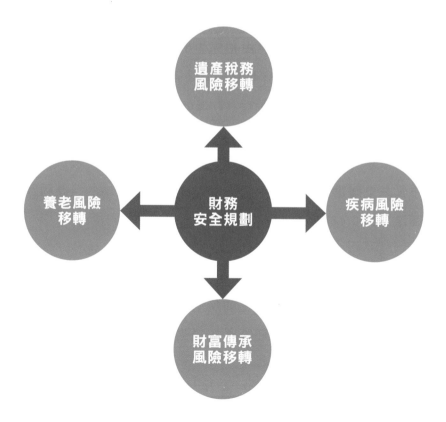

資產負債表

資　產		
生息資產		
1. 流動性資產	金額	比重
・現金 / 活儲	1,000,000	2%
・定期存款	3,000,000	7%
・短期票券	—	0%
◎流動性資產小計	4,000,000	9%
2. 投資性資產		
2a. 流動性投資	金額	比重
・活會累積款	—	0%
・外幣存款	1,000,000	2%
・投資型保單現價	—	0%
・共同基金	—	0%
・股票（上市櫃）	—	0%
・債券	—	0%
・期貨	—	0%
・其他	—	0%
2b. 非流動性投資	金額	比重
・傳統型保險現價	—	0%
・事業股份	8,000,000	18%
・股票（未上市櫃）	—	0%
・投資不動產	—	0%
・其他（黃金…）	—	0%
◎投資性資產小計	9,000,000	20%
自用資產		
3. 自用性資產	金額	比重
・自用住宅	30,000,000	67%
・自用汽車	1,500,000	3%
・其他	—	0%
◎流動性資產小計	4,000,000	9%

※ 資產總計 (1)
金額：44,500,000
比重：100%

負　債		
生息資產		
1. 消費性負債	金額	比重
・信用卡	—	0%
・消費性貸款	—	0%
・一般借貸分期付款	—	0%
・其他	—	0%
◎消費性負債小計	—	0%
2. 投資性負債	金額	比重
・證券融資		0%
・投資性不動產抵押貸款		0%
・其他		0%
◎消費性負債小計		0%
3. 自用性負債	金額	比重
・車貸		0%
・自用不動產抵押貸款		0%
・其他		0%
◎自用性負債小計		0%

※ 負債總計 (2)
金額：0
比重：0%

※ 淨值總計 (3)=(1)-(2)
金額：44,500,000

資產負債表

資　産		負　債	
項目	比重	項目	比重
1. 流動性資產	9%	1. 消費性負債	0%
2a. 流動性投資	2%	2. 投資性負債	0%
2b. 非流動性投資	18%	3. 自用性負債	0%
3. 自用性資產	71%		
TOTAL	100%	TOTAL	0%

1.流動性資產

2a.流動性投資

2b.非流動性投資

3.自用性資產

資產項目：

（1）流動性資產：銀行活儲及台幣定存、外幣定存總額
五百萬元整。佔資產總值 11%。

（2）非流動型資產：公司股份八百萬元整。佔資產總值
18%。

（3）自用型資產：自用汽車兩部，市價一百五十萬元整。
自用住宅市價三千萬元整。佔資產總值 71%。

經檢視家庭資產項目；主要資產均配置在自用型資產。
且比例高達資產總值 71%。生活週轉金過低，且主要收入來
源為工作收入，流動性資產不足。未來老年時，將會遭遇到
流動性資產不足，而無足夠退休來源之困境。

家庭保險分析現有保障彙整表

險種	項目	保額	起始日	繳費期間	說明
人壽險	終身壽險	—			
	定期壽險	10 萬	7/1 日	公司繳付	團體保險
意外險	意外保障	300 萬	7/1 日	公司繳付	團體保險
	意外醫療	5 萬	7/1 日	公司繳付	團體保險
	意外失能	—			
	意外住院	1000 元	7/1 日	公司繳付	團體保險
醫療險	病房費（含膳食）	1000 元	7/1 日	公司繳付	團體保險
	加護病房	1000 元	7/1 日	公司繳付	團體保險
	燒燙傷病房	2000 元	7/1 日	公司繳付	團體保險
	外科手術	—			
癌症險	罹癌保險金	—			
	住院醫療	—			
	癌症手術醫療	—			
	癌症出院療養	—			
	癌症門診醫療	—			
	癌症身故保險金	—			
其他	勞保				
	全民健康保險				

家庭財務分析

儲蓄率	◎數據 42% ◎理想值 > 25%

 公式　年儲蓄額(含固定儲蓄投資＋年結餘)÷ 年收入

　目前固定儲蓄 100 萬，總儲蓄率約 42%，高於理想值 25%，然而若要達成短期內完成退休計畫，必須要增加儲蓄金額，並將儲蓄工具調整為高孳息工具。

負債比	◎數據 0.00 ◎理想值 ≦ 30%

 公式　　　　　總負債 ÷ 總資產

　目前夫妻無任何負債，負債比例為 0%，狀況非常良好。

生活週轉金	◎數據 1.11 ◎理想值 3~6

 公式　(生息資產 × 投資報酬率)÷ 家庭年支出
或是
家庭理財收入＋其他收入 ÷ 家庭年支出

　目前流動性資產(活儲)100 萬，約可支持家庭支出將近 10 個月，如果暫停儲蓄投資，可支撐 9 個月。

　為提升資金運用效率和達成財務目標，可以保留約家庭支出半年資金在活儲，將多餘資金轉作其他儲蓄投資計畫，以幫助達成財務目標。

財務 自由度	◎數據 0.19 ◎理想值 > 1.0

（生息資產 × 投資報酬率）÷ 家庭年支出

或是

家庭理財收入＋其他收入 ÷ 家庭年支出

加權 3%
平均報酬率
目前公式中，家庭年支出有扣除儲蓄和理財支出

　　以生息資產 * 投資報酬率公式預估之財務自由度為 0.19，但是若以實際理財收入計算，財務自由度更低。

　　目前孳息收入為定存 300 萬與外幣存款 100 萬每年所得約 48000 元左右。

　　顯示客戶目前收入完全倚賴工作收入，若一旦退休，僅靠目前儲蓄是無法達成退休目標。

　　因此需要提升儲蓄投資金額，以增加本金，並尋求超越定儲利率的工具，以提升生息資產報酬率

五、擬定財務建議書

退休金試算表

項目	柏先生	時女士
距退休年期	5	5
預計退休生活年數	30	35
退休月開支（現值）	$50,000	$50,000
退休月開支（未來值）	$59,703	$57,964
退休金應備總額（未來值）	$21,493,080	$25,736,016
已備：單筆金額（現值）	$—	$4,000,000
已備：單筆投資金額（未來值）	$—	$5,105,126
已備：每年定投金額（現值）	$—	$—
已備：每年定投累積金額（未來值）	$—	$—
已備：保險年金累積給付（未來值）	$—	$—
已備：預估社會保險退休給付（以現制估）	$5,520,182	$5,520,182
已備：預估公司退休給付（未來值）	$5,520,182	$5,520,182
已備：退休金總額（未來值）	$11,040,364	$11,040,364
退休金準備金資金缺口（未來值）	$10,452,716	$14,695,652
現在一次存入	$0	$0
每年應存	$1,615,968	$2,014,572
每月應存	$134,664	$167,881
缺口 = 應備－已備		
假設條件		
通貨膨脹率	2.0%	2.00%
退休前投資報酬率	3.0%	3.00%
退休後投資報酬率	3.0%	3.00%

經過與柏先生與時女士本身溝通後；告知柏先生夫妻，由於他們無負債，財務狀況屬於健康良好，只是過去不擅於使用理財工具規劃退休，加上過於保守，因此將極高比例的資金放入了非流動性資產與自用型資產，導致流動性資產不足，因而無法達成每人每月五萬元退休金的計畫。因此依照時女士與柏先生目前的狀況；提出改善建議方案：

財務目標	短期目標
1、即刻運用過去以累積之流動性資產，扣除緊急預備金後。開始進行養老退休計畫。並且以柏先生與時女士兩人退休後共同的生活費用為目標。並考慮通貨膨脹率，提高每月養老金至每人每月 5 萬元（含勞退）為目標。因應柏先生與時女士屬於謹慎保守型投資人，故理財工具建議以具有效節約遺產稅、免補充保費等保險做為工具。以便將養老風險轉嫁給保險公司。	
2、目前夫妻身體屬次標準體且尚未退休，應立即投保壽險做為稅源預留規劃。同時投保重疾險與殘扶保險，將萬一罹病或殘廢後所發生的醫療照護費用與風險，全部轉嫁給保險公司。而不致於消耗或變賣	

非流動性資產與自用型資產。

3、可將名下不動產以逐年贈與方式，在免稅額 220 萬基礎下，逐年轉移給子女。（建議在夫妻免稅基礎下先過戶一半或一部分給配偶，以便利用夫妻二人每年各 220 萬贈與免稅額，加速過戶給子女）

4、退休前繼續儲存資產。因應客戶財務健康與保守投資個性，可透過保險工具做有效的資產配置。

5、關於事業股份、商標權等非流動性資產部位，建議可運用他益信託方式，將孳息分配給獨子，同時避免立即性的稅賦問題。

6、由於過去低報勞保薪資；建議時女士、柏先生須於即日起提高勞保投保薪資至最高 45800 元。以符合退休前 60 個月的平均投保薪資，未來才可領取月勞保退休金 17038 元。

財務目標	中期目標
1、柏先生 60 歲、時女士 55 歲起開始領取退休養老金。	
2、達成完整重疾保險與殘扶保障。	
3、達成預留稅源，資產移轉目標。	

財務目標	長期目標

享受退休養老生活，達成財務自由。

六、具體執行財務計畫

財務目標	短期目標

1、柏先生夫妻現有活儲、定存與外幣定存共五百萬元整。保留緊急預備金一百萬繼續存放於活儲下。建議客戶可將目前現有流動性資產三百萬元與每年的紅利一百萬做更有效的運用。然而，由於過去柏先生夫妻將努力所得都投資在公司發展上，因此忽略了累積退休金的計畫。而且近期又以現金三千萬購買目前自住的房屋，導致現有流動資產偏低。因此；建議柏先生必須要將無貸款的自用資產部位，運用目前房貸利率及低之優勢，貸款二千萬元來創造負債、降低遺產稅額，並同時做為繳納創造退休金之保險費所用。

房貸試算（只付息、不還本金）	
貸款金額	20,000,000 元
貸款期數	240 期
貸款利率	每年 1.44%
第一～五年每月應繳金額	24,000 元
每年應繳房貸金額	288,000 元

註：因以房屋貸款繳交保費，未來可能發生實質課稅。

遺產稅試算	調整前（無負債）	調整後（有負債）
房貸負債金額	0 元	20,000,000 元
所有財產應納稅額	1,326,486 元	0 元
節稅效果	0 元	1,326,486 元

註：應納稅額係在行使剩餘財產差額分配請求權下所達效果。

貸款繳息來源；

柏先生退休後，仍保有公司股份以及每年紅利一百萬元。建議柏先生可運用每年紅利一百萬元來繳納退休保險費以及房屋貸款利息。若身故後所領取的保險金，便可做為預留之稅源，與繼承人償還房屋貸款資金來源。

2、建議柏先生投保利率變動型美元還本終身保險（六年期）年繳保費 USD54,350 元 X6 年 =USD326,100 元。身故保障 USD307,639 元（約台幣 9,536,809 元）

3、養老目標：

a：60 歲每年可以領取還本金 USD7,500 元（約 19,375/ 月） ＋增值回饋金約 USD4,010 元（約 10,359/ 月)+ 勞退 17,038* 1 人；合計為 46,772 元 / 月。

b：70 歲每年可以領取還本金 USD7,500 元（約 19,375/ 月） ＋增值回饋金約 USD5,032 元（約 12,999/ 月)+ 勞退 17,038* 1 人；合計為 49,412/ 月

c：80 歲每年可以領取還本金 USD7,500 元（約 19,375/ 月） ＋增值回饋金約 USD12,785 元（約 33,027/ 月)+ 勞退 17,038* 1 人；合計為 69,440/ 月

註：匯率假設為 1：31 為符合退休計畫，須以保本型之美元保單做為工具。

4、建議柏先生投保終身保險（六年期）年繳保費 1,154,046 元 X6 年 =6,924,276 元。 身故保障 10,018,000 元（加上美元保單約台幣 9,536,809 元，身故保障達 19,536,809 元，已可填補房屋貸款之本金）。身故最後可領回所繳保費最為稅源或照護遺族費用。另額外提供 適用重大燒燙傷保險

金附加條款符合條款規定，則給付主契約保額的 25% 2,500,000 元，適用二至六級失能生活扶助保險金附加條款，（合併給付最高以 100 個月為限，請參照保單條款內容），二至四級失能，按月給付主契約保額的 1%（給付 75 個月）100,000 元，五至六級失能，按月給付主契約保額的 1%（給付 50 個月）100,000 元。

保單規劃			
項目	每年保費	壽險保障	達成效果
OO 保險	1,684,850 元	953 萬	達成退休計畫
OO 保險	1,154,046 元	1018 萬	預留稅源、提供殘扶保障、預留身故後繳交房屋貸款資金來源
六年總成本	16,461,085 元		

5、建議時女士投保利率變動型美元還本終身保險（六年期）年繳保費 USD54,350 元 X6 年 =USD326,100 元。身故保障 USD307,639 元（約台幣 9,536,809 元）

6、養老目標：

a：60 歲每年可以領取還本金 USD7,500 元（約 19,375/月）＋增值回饋金約 USD4,010 元（約

10,359/月)+ 勞退 17,038* 1 人；合計為 46,772
元 / 月。

b：70 歲 每 年 可 以 領 取 還 本 金 USD7,500 元（約
19,375/月 ） ＋ 增 值 回 饋 金 約 USD5,032 元（約
12,999/月)+ 勞退 17,038* 1 人；合計為 49,412/
月

c：80 歲 每 年 可 以 領 取 還 本 金 USD7,500 元（約
19,375/月 ） ＋ 增 值 回 饋 金 約 USD12,785 元（約
33,027/月)+ 勞退 17,038* 1 人；合計為 69,440/
月

註：匯率假設為 1：31 為符合退休計畫，須以保本
型之美元保單做為工具。

7、建議時女士投保終身保險（六年期）年繳保費
900,520 元 X6 年 =5,403,120 元。 身 故 保 障
10,000,000 元（加上美元保單約台幣 9,536,809
元，身故保障達 19,536,809 元，已可填補房屋貸
款之本金）身故最後可領回所繳保費最為稅源或
照護遺屬費用。另額外提供 適用重大燒燙傷保險
金附加條款符合條款規定，則給付主契約保額的
25% 2,500,000 元適用二至六級失能生活扶助保

險金附加條款（合併給付最高以 100 個月為限，請參照保單條款內容）二至四級失能，按月給付主契約保額的 1%（給付 75 個月）100,000 元五至六級失能，按月給付主契約保額的 1%（給付 50 個月）100,000 元

8、保險費用資金來源規劃：

●柏先生與時女士六年總保費支出共 32,547,240 元。

●房屋貸款 20,000,000 元

●現有定存與外幣存款 4,000,000 元

●未來五年持續收入：每年工作收入 250 萬＋紅

保單規劃			
項目	每年保費	壽險保障	達成效果
OO 保險	1,684,850 元	953 萬	達成退休計畫
OO 保險	900,520 元	1000 萬	預留稅源、提供失能保障、預留身故後繳交房屋貸款資金來源
六年總成本	15,512,220 元		

利 100 萬 - 固定支出 169.5 萬（原故定儲蓄 100 萬轉入支付保險費）＝每年淨收入 180.5 萬 X 五年 ＝9,020,000 元

資金共有 33,020,000 元，可見足以支付未來保險
費用。

註：客戶尚有結餘約一百萬元，且每年持續有公司
紅利入帳，建議在可承保範圍內，未來逐漸補足相
關醫療保險與重大傷病保險等。

財務目標	中期目標

1、財務自由度逐年增加，定期領取養老還本金與
　　勞保退休金，可達成資產傳承與退休養老規劃。

2、重疾與失能獲得完善保障，不使養老費用挪移
　　到重病照護費用。重病時領取每月安養金＋保費
　　全額。未重病殘疾所繳的保費全額退回。

財務目標	長期

同步達成享受夫妻雙方，
退休養老生活，
與老年疾病照護，
達成財務自由與尊嚴。

資產負債表調整前後變化比較表

資　產	調整前		調整後	
1. 流動性資產	金額	比重	金額	比重
・ 活期儲蓄存款	1,000,000	3%	1,000,000	3%
・ 定存（一）購屋自備款一部份	—	0%	—	0%
・ 定存（二）緊急預備金	3,000,000	8%	—	0%
・ 壽險現金價值	—	0%	2,914,406	8%
・ 股票（上市櫃）	—	0%	—	0%
・ 共同基金	—	0%	—	0%
・ 其他（外幣）	1,000,000	3%	—	0%
◎流動性資產小計	5,000,000	14%	3,914,406	11%
2. 非流動性投資	金額	比重	金額	比重
・ 住宅	30,000,000	82%	30,000,000	85%
・ 汽車	1,500,000	4%	1,500,000	4%
◎非流動性資產小計	31,500,000	86%	31,500,000	89%
※ 資產總計 (1)	36,500,000	100%	35,414,406	100%

負　債	調整前		調整後	
1. 短期負債	金額	比重	金額	比重
・ 信用卡	—	0%	—	0%
・ 消費性貸款	—	0%	—	0%
◎短期負債小計	—	0%	—	0%
2. 長期負債	金額	比重	金額	比重
・ 房貸	—	0%	20,000,000	1%
・ 車貸	—	0%	—	0%
◎長期負債小計	—	0%	20,000,000	100%
※ 負債總計 (2)	—	0%	20,000,000	100%

調整後的收支狀況表

工作收入

	每年	每月	年比重
・薪資	2,500,000	208,000	70%
・佣金	—	—	0%
・獎金	—	—	0%
・紅利	—	—	0%
・年終獎金	1,000,000	—	28%
・其他	—	—	0%
◎工作收入總額	3,500,000	208,000	97%

理財收入

	每年	每月	年比重
・利息	—	—	0%
・保險滿期金	—	—	0%
・基金配息	—	—	0%
・股利	—	—	0%
・租金收入	—	—	0%
・資本利得	—	—	0%
・其他	—	—	0%
◎理財收入總額	0	—	0%

其他收入

	每年	每月	年比重
・退休金	—	—	0%
・保險滿期金	—	—	0%
・跟會到期	—	—	0%
・保險還本	96,000	—	3%
◎其他收入總額	96,000	—	3%

※ 總收入 (1)

每年：3,596,000

每月：208,000

年比重：100%

● 基本支出

	每年	每月	年比重
1. 食小計	360,000	30,000	5%
2. 衣小計	120,000	10,000	2%

3. 住

	每年	每月	年比重
・房租	—	—	0%
・房貸	288,000	24,000	4%
・房屋保險	23,000	—	0%
・水電瓦斯電話	4,000	—	0%
・房地產稅	8,500	—	0%
・其他費用	22,800	—	0%
△住小計	366,300	24,000	5%

4. 行

	每年	每月	年比重
・車貸	—	—	0%
・車險	60,000	—	1%
・油料費	60,000	2,500	1%
・保養修理費	40,000	—	1%
・牌照 / 燃料稅	40,000	—	1%
・停車費	5,000	500	0%
・交通費	—	800	0%
・其他費用	—	500	0%
△行小計	205,000	4,300	3%
5. 育 - 進修費用小計	40,000	—	1%

6. 樂

	每年	每月	年比重
・娛樂休閒	—	3,000	0%
・交際公關費	80,000	2,000	1%
・觀光旅遊	150,000	—	2%
△樂小計	230,000	5,000	3%

7. 保險費

	每年	每月	年比重
・社會保險	44,000	1,590	1%
・人壽保險	5,330,384	444,199	69%
△保險費小計	5,374,384	445,789	70%

8. 個人所得稅

	每年	每月	年比重
・所得稅（公司代扣）	250,000	6,100	3%
・所得稅（年度繳納）	60,000	—	1%
△所得稅小計	310,000	6,100	4%

◆ 家庭可支配餘額
= (1) － (2)

- 每年結餘　　　　4,105,684
- 每月結餘　　　　　370,189
- 平均每月結餘　　　342,140

◆ 收入結構比
（收入 / 總收入）

- 工作收入佔　　99%
- 理財收入佔　　0%
- 其他收入佔　　3%

◆ 支出結構比
（支出 / 總收入）

- 生活支出佔　　29%
- 理財支出佔　　18%
- 儲蓄支出佔　　0%
- 保費支出佔　　149%
- 借貸支出佔　　0%
- 其他支出佔　　2%

● 基本支出

	每年	每月	年比重
9. 其他借貸	—	—	0%
10. 儲蓄（無風險）	—	—	0%
11. 理財支出			
· 定期定額投資（原有）	72,000	6,000	1%
· 定期定額投資（新增）	564,000	47,000	7%
· 單筆投資	—	—	0%
· 跟會（活 / 死會）	—	—	0%
△ 理財支出小計	636,000	53,000	8%
● 基本支出總額	7,641,684	578,189	99%

● 其他支出

	每年	每月	年比重
12. 其他支出			
· 醫療費用	60,000	—	1%
· 捐獻 / 贊助	—	—	0%
· 奉養金	—	—	0%
· 年節紅包	—	—	0%
· 其他	—	—	0%
● 其他支出總額	60,000	—	1%

※ 總支出 (2)

每年：7,701,684

每月：578,189

年比重：100%

資產負債表調整前後變化比較表

項　　目	調整前			調整後		
●基本支出	每年	每月	年比重	每年	每月	年比重
1. 食	360,000	30,000	15%	360,000	30,000	5%
2. 衣	120,000	10,000	5%	120,000	10,000	2%
3. 住	78,300	3,900	3%	366,300	24,000	5%
4. 行	205,000	5,000	9%	205,000	4,300	3%
5. 育 - 進修費用	0	0	0%	40,000	—	1%
6. 樂	230,000	12,500	10%	230,000	5,000	3%
7. 保險費	44,000	3,666	2%	5,374,384	445,789	70%
8. 個人所得稅	310,000	0	13%	310,000	6,100	4%
9. 其他借貸	0	0	0%	—	—	0%
10. 儲蓄（無風險）	1,000,000	0	42%	—	—	0%
11. 理財支出	0	0	0%	636,000	53,000	8%
12. 其他支出	60,000	27,500	2%	60,000	—	1%
※ 總支出	2,407,300	92,566	100%	7,701,684	578,189	100%

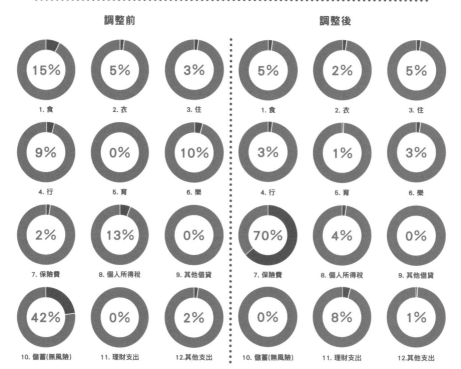

調整前　　　　　　　　　　　　　　調整後

15% 1. 食　　5% 2. 衣　　3% 3. 住　　　　5% 1. 食　　2% 2. 衣　　5% 3. 住

9% 4. 行　　0% 5. 育　　10% 6. 樂　　　3% 4. 行　　1% 5. 育　　3% 6. 樂

2% 7. 保險費　13% 8. 個人所得稅　0% 9. 其他借貸　　70% 7. 保險費　4% 8. 個人所得稅　0% 9. 其他借貸

42% 10. 儲蓄(無風險)　0% 11. 理財支出　2% 12.其他支出　　0% 10. 儲蓄(無風險)　8% 11. 理財支出　1% 12.其他支出

修正後保障彙整表

人壽險				
項目	**柏先生**		**時女士**	
	修正前保額	修正後保額	修正前保額	修正後保額
· 終身壽險	—	2000 萬	—	2000 萬
· 定期壽險	10 萬	10 萬	10 萬	10 萬

意外險				
項目	**柏先生**		**時女士**	
	修正前保額	修正後保額	修正前保額	修正後保額
· 意外保障	300 萬	300 萬	300 萬	300 萬
· 意外醫療	5 萬	5 萬	5 萬	5 萬
· 意外失能	—	每月 10 萬	—	每月 10 萬
· 意外住院	1000 元	1000 元	1000 元	1000 元

醫療險				
項目	**柏先生**		**時女士**	
	修正前保額	修正後保額	修正前保額	修正後保額
· 病房費（含膳食）	1000 元	1000 元	1000 元	1000 元
· 加護病房	1000 元	1000 元	1000 元	1000 元
· 燒燙傷病房	2000 元	2000 元	2000 元	2000 元
· 外科手術	—	—	—	—

殘扶險				
項目	柏先生		時女士	
	修正前保額	修正後保額	修正前保額	修正後保額
· 二至四級失能	—	每月 10 萬 X75 個月	—	每月 10 萬 X75 個月
· 五至六級失能	—	每月 10 萬 X50 個月	—	每月 10 萬 X50 個月

癌症險				
項目	柏先生		時女士	
	修正前保額	修正後保額	修正前保額	修正後保額
· 罹癌保險金	—	—	—	—
· 住院醫療	—	—	—	—
· 癌症手術醫療	—	—	—	—
· 癌症出院療養	—	—	—	—
· 癌症門診醫療	—	—	—	—
· 癌症身故保險金	—	—	—	—

其他				
項目	柏先生		時女士	
	修正前保額	修正後保額	修正前保額	修正後保額
· 勞保	—	—	—	—
· 全民健康保險	—	—	—	—

★因既往病史，尚須評估後。在進行相關醫療險與重大傷病保險之規劃。

七、定期檢視與後續追蹤服務

經過縝密討論後，協助客戶制定了相關的財務計畫與風險管理計畫。然而由於市場風險的不確定性以及變化性。

運用Ｐ、Ｄ、Ｃ、Ａ原則，除了給予顧客計畫、執行、檢視、行動。與客戶約定每年定期進行績效檢視與風險評估管理。已確保在瞬息萬變的未來，確保本退休計畫執行的正確性與紀律性，可以於委託人指定的期限內，達到所期待的退休計畫。

八、總結

完善的財務安全規劃，必須要從顧客的財務風險、人身風險、稅務風險與資產傳承全盤的妥善考量。

因此；建議委託人不能單獨從，個別金融工具的報酬或功能來挑選，而是需要以全面性的妥善規劃，方能協助您達成財務規劃之目標。

更重要的事，我們必須要及早展開行動，以確保在身體健康時，可以開始進行資產佈置與規劃，錯過機會就會喪失掉政府提供給國民的合法節稅管道，以及退休養老的功能。

結語

由於資產持有者的資產多元化，因此對於「傳承」而言，都必須要及早準備。同時，也因為法令的更迭，「過去大家做的事，並不表示現在可以做！」、「過去對得！現在不一定對」。因此，已的確造成許多資產持有者一時之間無所適從。

　　畢竟，資產持有者多專注於如何創造更大的財富，並非常態性的關心稅務與法令的變化，因而忽略了，「傳承」是必須要時常對照「現行法令」與檢視的。倘若先前的規劃，已經不適法，那麼就必須要立刻與專家討論，並且採取合宜的措施。畢竟，法律不保障睡著的人。

　　台灣隨著全球化的發展，許多資產持有者的資產，遍布在全球。而各國、各地區亦有不同的稅負與法令。以往，海外資產；往往是許多資產持有者避稅的管道或投資工具。然而隨著ＣＲＳ（Common Reporting Standard for Automatic Exchange of Financial Account Information in Tax Matters）（共同申報準則）實施。以及洗錢防制法、反避稅等法案的實施。

　　對海外擁有資產，以及雙重國籍者影響甚鉅。因為所牽涉的範圍，除了在稅務更包含了法律層面。因此，資產持有者必須要意識到此嚴重性。

　　國內的資產持有者也必須要認知，若希望能夠保全「企業永續」或是「財富傳承」甚至於「志業傳承」都必須要有

完善的規劃，與事前的準備。本書中列舉了十五個故事，許多都是當事人準備不急之下，或是準備不夠週詳，已至於資產無法順利傳承，或是造成子女紛爭。相信這絕不是當事人之本意，然而面對龐大的資產，如何對抗有權利的繼承人之人性，又要能順利貫徹被繼承人之意志。絕非單靠「父母威權」或「親情」即可解決。

古今中外，為了爭產！子女對簿公堂甚至老死不相往來之故事，彼彼皆是。因此，資產持有者必須要以遠見以及開闊的心胸來「思考」，如何有智慧的達成「傳承」目的。

盼望本書能夠給讀者們啟發，以及喚起面對各樣稅負與法令變化的危機意識。

如果；您想要進一步諮詢任何有關資產傳承的問題，請填寫表單：

如果；您想要成為專業的財務或稅務顧問，請填寫表單：

如果；您想要進一步了解守以恭團隊：

企管銷售 45

傳承‧傳成

十五個志業與資產傳承的經典案例的工具書

作者 / 李博誠、杜育任、杜金鐘、謝志明合著
發行人 / 彭寶彬
出版者 / 誌成文化有限公司

地址：116 台北市木新路三段 232 巷 45 弄 3 號 1 樓
電話：(02)2938-1078 傳真：(02)2937-8506
台北富邦銀行 ‐ 木柵分行 012 帳號：321-102-111142
戶名：誌成文化有限公司

封面、內文排版 / 張峻榤
總經銷 / 采舍國際有限公司 www.silkbook.com 新絲路網路書店
印刷 / 上鎰數位科技印刷有限公司

地址：新北市中和區中山路二段 366 巷 10 號 3F
電話： (02)8245-8786（代表號）
傳真： (02)8245-8718

出版日期 / 2021 年 1 月
ISBN：978-986-99302-1-5　　　　　　◎版權所有，翻印必究

定　　價 / 新台幣 450 元　　　　　　Print in Taiwan ◎

國家圖書館出版品預行編目 (CIP) 資料

傳承傳成：十五個志業與資產傳承的經典案例 / 李博誠, 杜育任, 杜金鐘, 謝

志明合著 . -- 臺北市：誌成文化有限公司, 2021.01

320 面；14.8×21 公分 . --（企管銷售；45）

ISBN 978-986-99302-1-5(平裝)

1. 資產管理 2. 繼承

495.44　　　　　　　　　　　　　　　　109021256

Notes

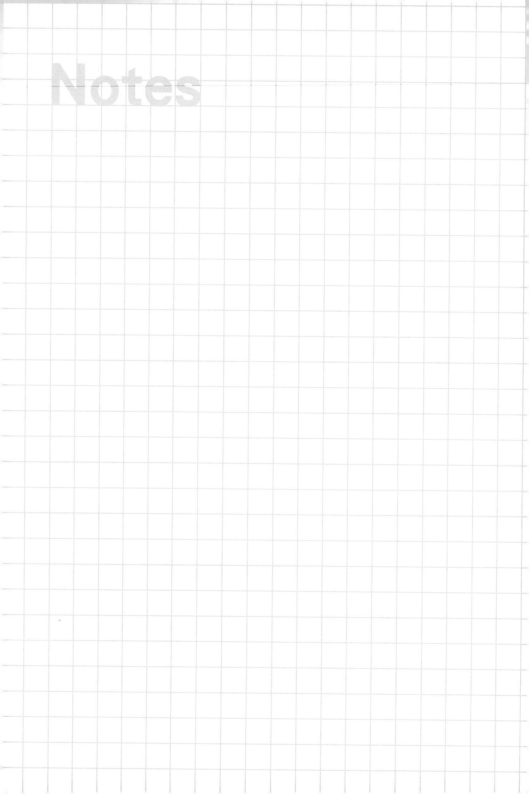

Notes

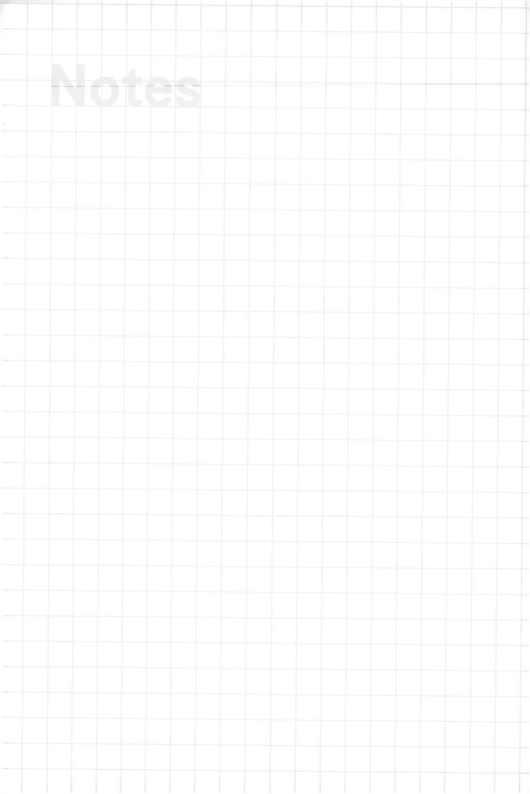

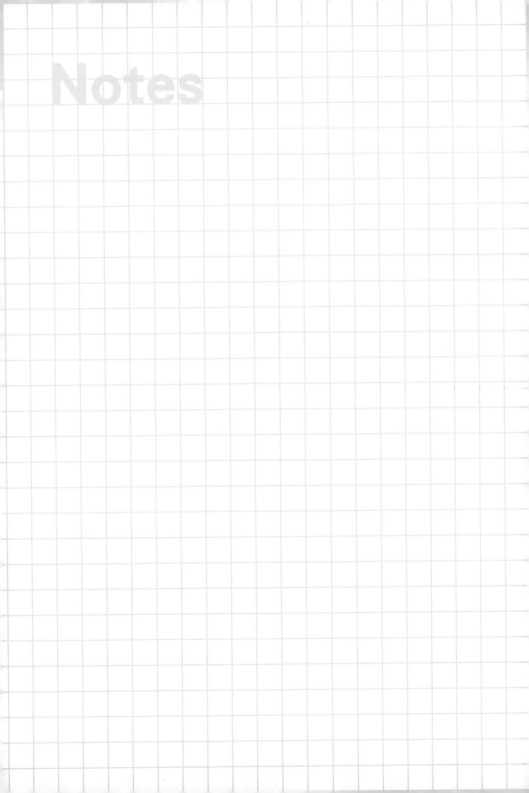

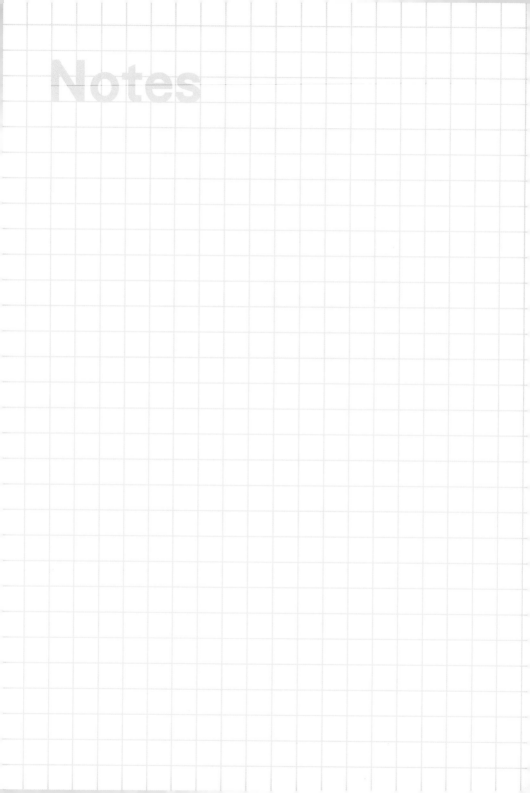

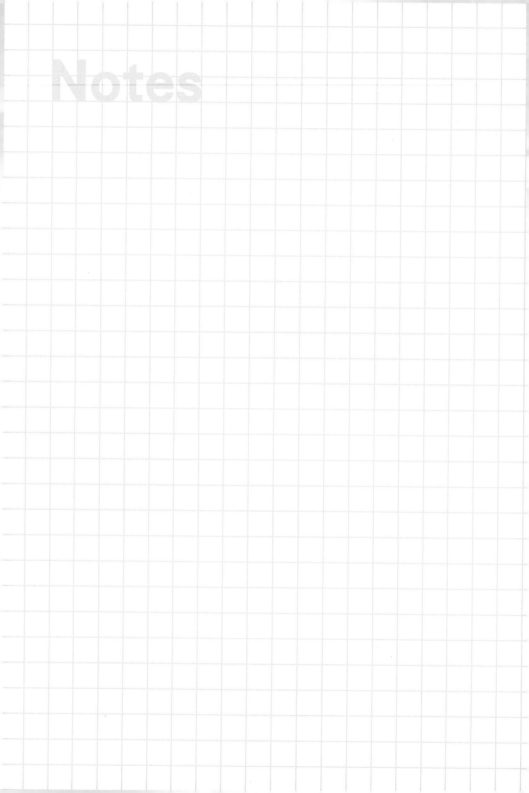

Notes

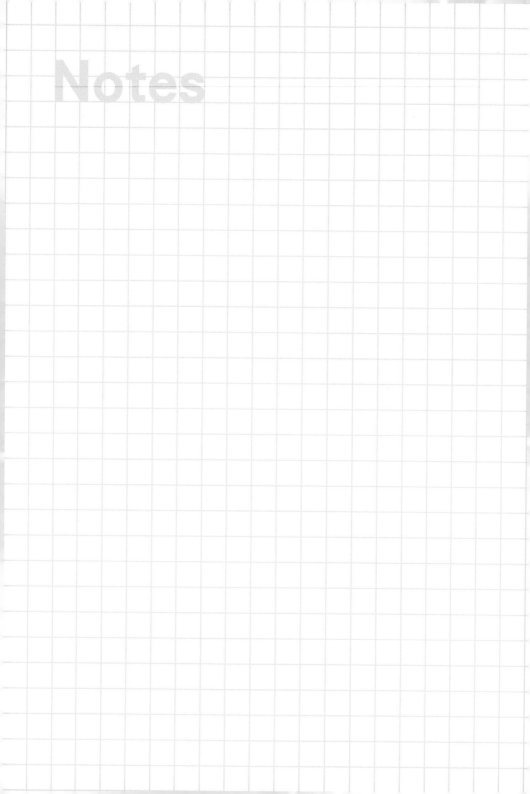